NEXT ONE

新定番の技術を
しっかり学べる

JN063388

動かして学ぶ！

Python（パイソン）

サーバレスアプリ
開発入門

本田 崇智［著］

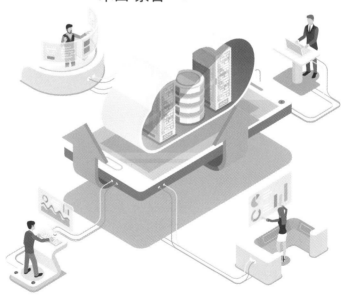

SHOEISHA

本書内容に関するお問い合わせについて

このたびは翔泳社の書籍をお買い上げいただき、誠にありがとうございます。
弊社では、読者の皆様からのお問い合わせに適切に対応させていただくため、以下のガイドラインへのご協力をお願い致しております。
下記項目をお読みいただき、手順にしたがってお問い合わせください。

ご質問される前に

弊社Webサイトの「正誤表」をご参照ください。これまでに判明した正誤や追加情報を掲載しています。

正誤表　　https://www.shoeisha.co.jp/book/errata/

ご質問方法

弊社Webサイトの「刊行物Q&A」をご利用ください。

刊行物　Q&A　https://www.shoeisha.co.jp/book/qa/

インターネットをご利用でない場合は、FAXまたは郵便にて、下記翔泳社愛読者サービスセンターまでお問い合わせください。電話でのご質問は、お受けしておりません。

回答について

回答は、ご質問いただいた手段によってご返事申し上げます。ご質問の内容によっては、回答に数日ないしはそれ以上の期間を要する場合があります。

ご質問に際してのご注意

本書の対象を越えるもの、記述箇所を特定されないもの、また読者固有の環境に起因するご質問等にはお答えできませんので、あらかじめご了承ください。

郵便物送付先およびFAX番号

送付先住所　　〒160-0006　東京都新宿区舟町5
FAX番号　　　03-5362-3818
宛先　　　　　（株）翔泳社　愛読者サービスセンター

※本書に記載されたURL等は予告なく変更される場合があります。
※本書の対象に関する詳細はVページをご参照ください。
※本書の出版にあたっては正確な記述につとめましたが、著者や出版社などのいずれも、本書の内容に対してなんらかの保証をするものではなく、内容やサンプルに基づくいかなる運用結果に関してもいっさいの責任を負いません。
※本書に掲載されているサンプルプログラムやスクリプト、および実行結果を記した画面イメージなどは、特定の設定に基づいた環境にて再現される一例です。
※本書に記載されている会社名、製品名はそれぞれ各社の商標および登録商標です。
※本書の内容は、2021年5月執筆時点のものです。

はじめに

　本書では、手を動かしながら、「実際に動くアプリケーションを構築する」ことをコンセプトにしております。システム／アプリケーション開発では、実際に動作するアプリケーションを公開することが、最終的な目的になります。さらには、手を動かしてアプリケーションを構築できることは開発のすべての工程において役立つスキルになります。特に2つの工程において効果が発揮されます。

　1つ目は、新しくアプリケーションを開発しようと企画／設計する段階です。
　新しくアプリケーションを開発しようとする際には、社内で企画を検討した上で、お客様に提案を行う場面もあるかと思われます。そのような場合に、実際に動作するアプリケーションを開発してデモとして提示したり、実際に動かしてもらうことが、企画や提案を形にするための大きな力となることが何度もありました。前提として、言葉での説明や提案を尽くすことは大事ではあるのですが、実際に動作するアプリケーションを見てもらい触ってもらうことほどの説得力に勝るものはありません。言葉での説明に加えて、実際に動作するアプリケーションをプロトタイプとして開発することで、企画や提案が形になることも多いです。

　2つ目は、すでにアプリケーション開発が進んでいる段階です。
　開発がはじまっていて作りたいものの要望があったとしても、実際のアプリケーションが手元にない段階で想定したものであるため、本当に欲しいものとは異なる場合も少なからずあったりします。
　そのような場合に、早期の段階でまずは最低限動作する非常に簡易的なプロトタイプアプリケーションから構築することで、より具体的で解析度の高いフィードバックを引き出すことが可能となります。そのようなPDCAを繰り返すことで最後には期待通りの、さらにはそれ以上のものができて、成功に終わることも多々ありました。
　この本を手にとっていただいた読者の皆様にも開発しながら機能を追加していくようなプロセスも身に付けていただけるように本書は構成しております。
　私自身も大企業やスタートアップなど会社の規模に関わらず、アプリケーションを形にして、自分の手で切り開いていくことが多くありました。

本書が、微力ながらアプリケーション開発に携わる方々の一助となれば幸いです。

2021年5月吉日

本田崇智

本書の対象読者と必要な事前知識、および構成

本書の対象読者と必要な事前知識

　本書は、Pythonによるサーバレスアプリケーションの作成を通じて、サーバレスアプリケーション開発に必要な知識を解説した書籍です。サーバレスアプリケーション開発の基本から様々な日次処理まで丁寧に解説しています。

　本書を読むにあたり、次のような知識がある読者の方を前提としています。

- Pythonの基本が理解できている
- Linuxの基本的なコマンドが使える

本書の構成

　本書は全12章で構成されています。

Chapter 1 では、本書を通して作成するアプリケーションの完成イメージを共有します。

Chapter 2 では、サーバレスアプリケーションのメリットと、サーバレスアプリケーションを構成するサービスについて解説します。

Chapter 3 では、アプリケーションの開発に必要なライブラリのインストールなど、環境構築を行っていきます。Chapter4からChapter8にかけて、ローカルで動くアプリケーションを一から開発していきます。

Chapter 4 では、1ファイルだけの小さなアプリケーションを作成します。

Chapter 5 では、ビューを作成する方法を解説します。

Chapter 6 では、テンプレートファイルの作成方法を解説します。

Chapter 7 では、データベースの導入と、データベースを取り扱うためのモデルを作成します。

Chapter 8 では、ユーザIDとパスワードを知っている人だけがアクセスできるよう、ユーザ認証の機能を追加します。

Chapter 9 では、Chapter8までに作成したブログアプリケーションを、サーバレス環境にデプロイします。

Chapter 10では、ブログアプリケーションの作成された記事数を日次でGoogleスプレッドシートに自動で記録するBotを作成します。

Chapter 11では、作成したコードに少し追加して、日次でKPI情報をSlackに通知するBotを作成します。

Chapter 12では、zappaの様々な機能を紹介します。

本書のサンプルの動作環境と付属データ・会員特典データについて

本書のサンプルの動作環境

本書の各章のサンプルは表1の環境で、問題なく動作することを確認しています。

なお、本書はmacOS/Windowsの環境を元に解説しています。macOSとWindowsでコマンドが同一の場合はmacOSの表記に統一していますが、異なる場合はそれぞれ明記しています。パソコンのキーなど、macOSとWindows環境で異なる場合は、macOS（Windows）という形で表記しています。

例：[Return]（[Enter]）キー、ターミナル（コマンドプロンプト）

▼表1：実行環境

OS環境	バージョン
macOS	11 Big Sur
OS環境：Windowsの場合	バージョン
Windows 10	Home
以下 macOS/Windows 共通（異なる場合は補足あり）	
開発環境	バージョン
Python	3.8
ライブラリ	バージョン
Chapter1〜9	
flask	1.1.2
pynamodb	5.0.3
flask-script	2.0.6
flask-login	0.5.0
flask-sessionstore	0.4.5
boto3	1.17.62
zappa	0.52.0
Chapter10〜11	
boto3	1.17.62
pytz	2021.1
gspread	3.7.0
flask-sessionstore	4.1.3
zappa	0.52.0
slack-sdk	3.5.1

付属データのご案内

本書のサンプルコードは以下に公開しております。Q&A集につきましてもこちらに記載いたします。

- **本書のサンプルコード**

  `URL` https://github.com/chaingng/shoeisha_serverless_python_tutorial

注意

付属データに関する権利は著者および株式会社翔泳社が所有しています。許可なく配布したり、Webサイトに転載したりすることはできません。

付属データの提供は予告なく終了することがあります。あらかじめご了承ください。

会員特典データのご案内

会員特典データは、以下のサイトからダウンロードして入手いただけます。

- **会員特典データのダウンロードサイト**

  `URL` https://www.shoeisha.co.jp/book/present/9784798169729

注意

会員特典データをダウンロードするには、SHOEISHA iD（翔泳社が運営する無料の会員制度）への会員登録が必要です。詳しくは、Webサイトをご覧ください。

会員特典データに関する権利は著者および株式会社翔泳社が所有しています。許可なく配布したり、Webサイトに転載したりすることはできません。

会員特典データの提供は予告なく終了することがあります。あらかじめご了承ください。

免責事項

付属データおよび会員特典データの記載内容は、2021年5月現在の法令等に基づいています。

付属データおよび会員特典データに記載されたURL等は予告なく変更される場合があります。

付属データおよび会員特典データの提供にあたっては正確な記述につとめましたが、著者や出版社などのいずれも、その内容に対してなんらかの保証をするものではなく、内容やサンプルに基づくいかなる運用結果に関してもいっさいの責任を負いません。

付属データおよび会員特典データに記載されている会社名、製品名はそれぞれ各社の商標および登録商標です。

著作権等について

付属データおよび会員特典データの著作権は、著者および株式会社翔泳社が所有しています。個人で使用する以外に利用することはできません。許可なくネットワークを通じて配布を行うこともできません。個人的に使用する場合は、ソースコードの改変や流用は自由です。商用利用に関しては、株式会社翔泳社へご一報ください。

2021年5月

株式会社翔泳社　編集部

目次

Chapter 3　アプリケーションの環境構築を行う ┈┈┈┈┈ 19

Chapter 10　Googleスプレッドシートに日次でユーザ数を記録するサーバレスBotを作る

Chapter 12　zappaの様々な機能

Prologue

本書を読みはじめる前に本書について簡単に説明します。

はじめに

サーバレスアプリケーションについて説明します。

　サーバレスアプリケーションとは、サーバを必要とせず動作させることができるアプリケーションのことを指します。

　ユーザが自身でサーバを立てて運用するのではなく、AWS※1に代表されるクラウドサービスを組み合わせて、アクセスがあったときなど、必要なときのみクラウドサービスを呼び出して、サービスを提供するアプリケーションになります。

　これにより、必要なときだけサービスが起動するので、常時稼働させなければならないサーバに比べて費用がかからないといったコストメリットや、サーバがダウンすることがないので可用性について気にする必要がない、現状のアプリケーションがそのまま利用できる、といった様々なメリットがあります。

　そこで、本書では、一からサーバレスによるアプリケーションを作成することを通して、必要な知識を学んでいただけるようまとめました。

　サーバレスアプリケーションとしてWebアプリケーションを構築するだけでなく、様々な定期処理といったスケジューリング処理もサーバレスに実行できる章も設けておりますので、ここで得た知識を応用できる場面は広いのではないかと思います。

※1　Amazon Web Servicesの略称。Amazon.comが提供するクラウドコンピューティングサービスのこと。

1. 本書のポリシー

本書では、

- サーバレスでブログアプリケーションを作成
- サーバレスで毎日自動でデータベースからKPI[2]を集計し、Googleスプレッドシートに自動で記載するBot[3]を作成
- 集計したKPIを毎日自動でSlackに通知するSlack Botを作成

といったことを通して、

- サーバレスでWebアプリケーションが作れるようになる
- サーバレスでバッチ処理を行えるようにする

ことを目的としました。

2. フィードバック

誤植やフィードバックがございましたらこちらにお寄せいただけると幸いです。

お寄せいただいたご内容のうち、関連するものにつきましては、サンプルコードやQ&A集の更新としても対応させていただきます。

E-mail takatomo.honda.0103@gmail.com

※2 Key Performance Indicators の略称。重要業績評価指標のこと。

※3 Robotの短縮略称。自動化を実行するアプリケーションのこと。

Chapter1

サーバレス
アプリケーションの
完成イメージ

この章では、この本を通して作成するアプリケーションの
完成イメージを共有します。

P01 サーバレス ブログアプリケーション

本書で作成するサーバレスブログアプリケーションの概要を説明します。

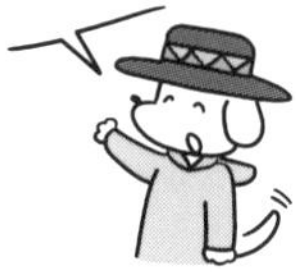

本書では以下のような機能を持つサーバレスケーションを作成していきます。

トップページにアクセスすると、ログイン画面が表示されます（図1.1）。ユーザ名❶とパスワードを入力して❷、「ログイン」ボタンをクリックします❸。

Flask Blog
ログイン
ユーザ名
❶入力
パスワード
❷入力
ログイン
❸クリック

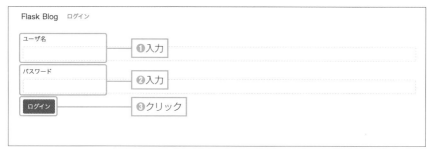

▲図1.1：ログイン画面

ログインすると、ブログ一覧画面が表示されます（図1.2）。

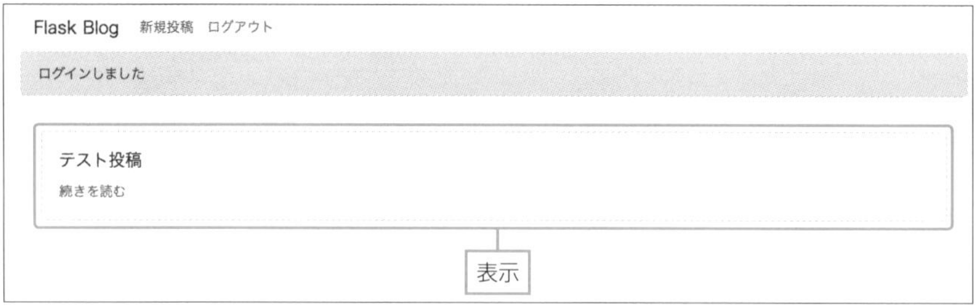

Flask Blog
新規投稿
ログアウト
ログインしました
テスト投稿
続きを読む
表示

▲図1.2：ブログ一覧画面

「新規投稿」リンクをクリックし（図1.3❶）、「タイトル」❷、「本文」❸を入力して、「作成」をクリックします❹。

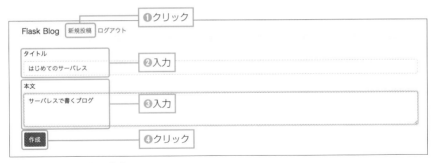

▲図1.3：新規投稿の作成

投稿したブログが作成され、一覧画面に表示されます（図1.4❶）。「続きを読む」をクリックします❷。

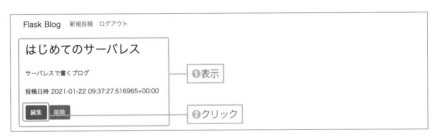

▲図1.4：投稿一覧画面

すると投稿の詳細が表示されます（図1.5❶）。「編集」ボタンをクリックします❷。

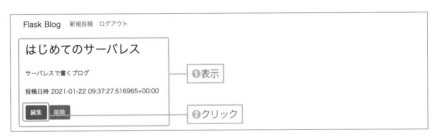

▲図1.5：投稿の詳細

すると、図1.6❶のように内容を編集できます。編集したら「更新」ボタンをクリックします❷。

▲図1.6：内容の編集

詳細が表示されると（図1.7）、編集内容が反映されています❶。次に「削除」ボタンをクリックして❷、記事を削除してみます。

▲図1.7：内容の編集

記事が一覧から削除されました（図1.8）。

▲図1.8：一覧から削除

P02 サーバレスKPI収集Bot

本書で作成するサーバレスKPI収集Botの概要を説明します。

　作成したブログアプリケーションの投稿数を日次で集計してGoogleスプレッドシートに収集するBotです。

　毎日、自動でブログアプリケーションのデータベースから投稿数を集計して、スプレッドシートに書き込んでいきます（図1.9）。

▲図1.9：サーバレスKPI収集Botによる日次の集計結果

P 03 サーバレス Slack Bot

本書で作成するサーバレス Slack Bot の概要を説明します。

　収集したブログ投稿数を、日次で自動でメッセージサービス（Slack）に通知するBotです（図1.10）。

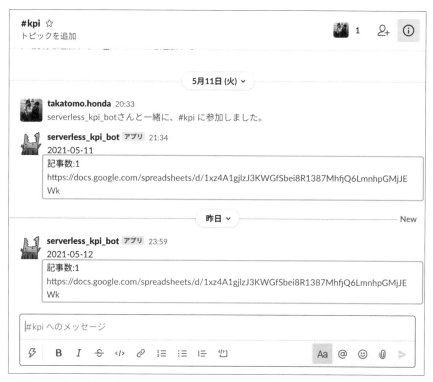

▲図1.10：サーバレス Slack Bot

P 04 まとめ

本章で学んだことをまとめます。

- 本書で作成するサーバレスブログアプリケーションの概要（本章01節）
- 本書で作成するサーバレス KPI 収集 Bot の概要（本章02節）
- 本書で作成するサーバレス Slack Bot の概要（本章03節）

Chapter2

サーバレス
アプリケーション
とは

この章ではサーバレスアプリケーションのメリットと、
サーバレスアプリケーションを構成するサービスについて
解説します。

サーバレス
アプリケーションのメリット

この章ではサーバレスアプリケーションのメリットについて解説します。

サーバレスアプリケーションには次のようなメリットがあります。

1. 費用が安い

通常、物理サーバを用意する場合や、クラウドサービスを利用してサーバを立ち上げる場合でも、いつアクセスがきてもレスポンスが返せるよう、常時サーバを稼働させておく必要があります。

一方、サーバレスアプリケーションでは常にサーバを稼働させておく必要がありません。

リクエストがあったときなど必要なときだけ起動するので、常時稼働しているサーバに比べて費用がかからないというメリットがあります。

2. 可用性を気にしなくてよい

通常、アプリケーションの運用ではサーバがダウンすることに備えて、サーバの冗長化※1を行ったり、ロードバランシング※2を行う必要があります。

一方、サーバレスアプリケーションではサーバの存在をほぼ意識しなくてもよいため、サーバがダウンすることがありません。

そのため、ロードバランシングや、サーバの可用性※3を考慮しなくてもよくなります。

※1　システムがダウンしても稼働できるように予備のシステムを用意して運用しておくこと。

※2　複数のシステム間で、負荷がかからないように処理を分散すること。

※3　システムが継続して稼働できる割合。

3. 自動でスケーリング

　通常、アプリケーションの拡大に応じて多数のリクエストが発生するようになり、パフォーマンスが求められるほど、スペックを上げるなどサーバのスケールアップが必要になります。

　そしてスケールアップしたサーバを常時起動しておく必要があり、その分の費用がかかってしまいます。

　サーバレスアプリケーションでは自動でスケーリングしてくれるので、リクエスト数の増加に備えた対策や、あらかじめサーバをスケールアップしておく必要がなくなります。

4. 現状のフレームワークを利用できる

　現状のアプリケーションフレームワークをそのまま利用できます。

　そのため、これまで利用していたアプリケーションフレームワークを利用してアプリケーションを開発しつつ、ローカルサーバを立ち上げて動作確認し、本番はサーバレスアプリケーションとしてデプロイ※4することもできます。

※4　プログラムを特定の環境に配置して利用できるようにすること。

サーバレスアプリケーション を実現するAWSサービス

サーバレスアプリケーションを実現するためのAWS
サービスについて解説します。

本書ではクラウドサービスとしてAWSを使用します。サーバレスアプリケーションを実現するためのAWSサービスについて紹介します。

1. AWS Lambda

AWS Lambdaとは、サーバを用意することなく、AWS上で任意の小さな関数（プログラム）を実行するためのサービスです。このAWS Lambdaは、様々なイベントを受け取って、それをトリガーに用意したプログラムを実行することができます。

AWS Lambdaはコードがトリガーされたときのみ、100ミリ秒単位で金額が発生するだけなので、サーバを立ち上げて常駐させておくのに比べて大きなコストメリットがあります。また、イベントは同時に1つではなく、並行して受け取りそれぞれ処理することができます。そのため、急なトラフィック増大にも自動でスケーリングされ対応することができます。

プログラミング言語としてはNode.js、Java、C#、Go、Pythonなどをサポートしていますので、本書で利用するPythonでもプログラムを書くことが可能です。このAWS Lambdaの活用により、サーバレスでアプリケーションを構築することが可能になります。

2. Amazon API Gateway

Amazon API Gatewayとは、スケーラブルなAPIエンドポイントを提供するサービスです。つまり、大量のトラフィックがあっても対応可能な、クライアントからのアクセス用のWeb URLを利用することができます。

Webアプリケーションでは、URLにリクエストがあると、そのリクエストに応じた処理を行いレスポンスを返します。この処理をサーバレスアプリケーションに置き換えると、以下のようになります。

1. Amazon API Gatewayで用意したURLにリクエスト
2. そのリクエストに応じてAWS Lambdaを呼び出し処理を実行
3. レスポンスを返す

3. Amazon DynamoDB

　Amazon DynamoDBは、スループットを自動的にスケーリングするサーバレスデータベースです。データを保護するために継続的にバックアップが行われ、10ミリ秒単位のレスポンスを実現できる、NoSQLデータベースです。

　読み込みキャパシティ、書き込みキャパシティ、データストレージの量に応じて費用が発生します。

　読み込みスループットは、強力な整合性のある読み込みなら1秒あたり1回ごとに1キャパシティを消費し（4KBまで）、毎月25キャパシティユニットまでは無料、それ以降はユニットごとに料金が発生します。

　書き込みスループットは、1秒あたりの（1KBまでの）書き込み1回ごとに1キャパシティを消費し、毎月25キャパシティユニットまでは無料、それ以降はユニットごとに料金が発生します。

　データストレージは毎月最初の25GBまでは無料で、それ以降は月額で料金が発生します（いずれも2021年1月時点）。

　例を挙げると、1レコードあたり最大の4KBを使ったとしても、625万レコードを作成する規模になるまで費用がかからないことになります。

　キャパシティについても1時間あたり90,000アクセスを超えるアクセスがなければ無料で使用することができる、大きなコストメリットがあるサービスです。

　本書ではコストメリットがあり、自動でスケーリングするサーバレスデータベースとして、Amazon DynamoDBを利用します。本書ではAWSを使用しますが、AWSの詳細は専門書を参考にしてください。

P 03 まとめ

本章で学んだことをまとめます。

- サーバレスアプリケーションのメリット（本章01節）
- サーバレスアプリケーションに利用するAWSサービス（本章02節）

Chapter3

アプリケーションの環境構築を行う

この章では、アプリケーションの開発に必要なライブラリのインストールなど、環境構築を行っていきます。

P 01 アプリケーションの全体構成

アプリケーションの全体構成について解説します。

最終的なアプリケーション構成は図3.1のようになります。

```
application/
        ──── Pipfile
        ──── Pipfile.lock
        ──── manage.py
        ──── server.py
        ──── zappa_settings.json
        ──── flask_blog/
                    ──── __init__.py
                    ──── config.py
                    ──── lib/
                    ──── models/
                    ──── scripts/
                    ──── static/
                    ──── templates/
                    ──── views/
        ──── dynamodb_local_latest/
serverless-bot/
        ──── bot.py
        ──── Pipfile
        ──── Pipfile.lock
        ──── serverless-gas-client-secret.json
        ──── zappa_settings.json
```

▲図3.1：アプリケーション構成

それぞれ、以下のアプリケーションが対応します。

- application：サーバレスブログアプリケーション
- dynamodb_local_latest：DynamoDBローカルのプログラム
- serverless-bot：サーバレスBotプログラム

1. application

トップ階層にあるファイルとフォルダの役割は、それぞれ以下のようになります。

- Pipfile、Pipfile.lock
  Pythonライブラリの管理ファイル
- manage.py
  スクリプトの管理ファイル
- server.py
  起動ファイル
- zappa_settings.json
  サーバレスライブラリzappaのconfigファイル
- flask_blog/
  アプリケーションの本体フォルダ

「flask_blog」フォルダ以下のファイルとフォルダの役割は、それぞれ以下のようになります。

- __init__.py
  アプリケーションの本体ファイル
- config.py
  アプリケーションの設定ファイル
- lib/
  ライブラリファイルが格納されるフォルダ
- models/
  モデルファイルが格納されるフォルダ

- scripts/
  スクリプト実行ファイルが格納されるフォルダ
- static/
  CSS、JSなどの静的ファイル[1]が格納されるフォルダ
- templates/
  テンプレートファイルが格納されるフォルダ
- views/
  ビューファイルが格納されるフォルダ

2. serverless-bot

トップ階層にあるファイルの役割は以下のようになります。

- bot.py
  Botプログラムファイル
- Pipfile、Pipfile.lock
  Pythonライブラリの管理ファイル
- serverless-gas-client-secret.json
  Googleスプレッドシートへのアクセス用のクレデンシャルファイル[2]
- zappa_settings.json
  サーバレスライブラリzappaのconfigファイル

※1 クライアントからのリクエストに左右されずに常時同じ内容を表示するファイル。

※2 IDやパスワードなど、ユーザ認証に用いられる情報が含まれたファイル。

P02 Pythonをインストールする

Pythonのインストール方法について解説します。

1. macOSにPythonをインストールする

Python公式サイト（**URL** https://www.python.org/downloads/mac-osx/）にアクセスします。

本書でインストールするバージョンは、「`Python 3.8.7 - Dec 21, 2020`」と書かれているものになります。このすぐ下にある「Download macOS 64-bit Intel installer」をクリックしてダウンロードします（図3.2）。

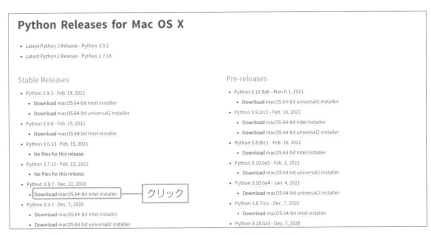

▲図3.2：「`Download macOS 64-bit Intel installer`」をクリック

ダウンロードしたファイルを実行し、セットアップウィザードが起動したら、ガイドにしたがってインストールしてください。

インストールが完了したら、ターミナルを開いてください。macOSでは、Python3系は`python3`にて実行します。以下のコマンドを実行してバージョン

情報が表示されたら、インストールは完了です。

ターミナル

```
python3 --version
Python 3.8.7
```

2. WindowsにPythonをインストールする

Python公式サイト（**URL** https://www.python.org/downloads/windows/）にアクセスします。

本書でインストールするバージョンは、Stable ReleasesにあるPython 3.8.7 - Dec 21, 2020と書かれているものになります。「Download Windows installer (64-bit)」（64bit版PCの場合）と書いてあるインストールファイルをダウンロードします（図3.3。32bit版PCの場合は、「Download Windows installer (32-bit)」をダウンロードしてください）。

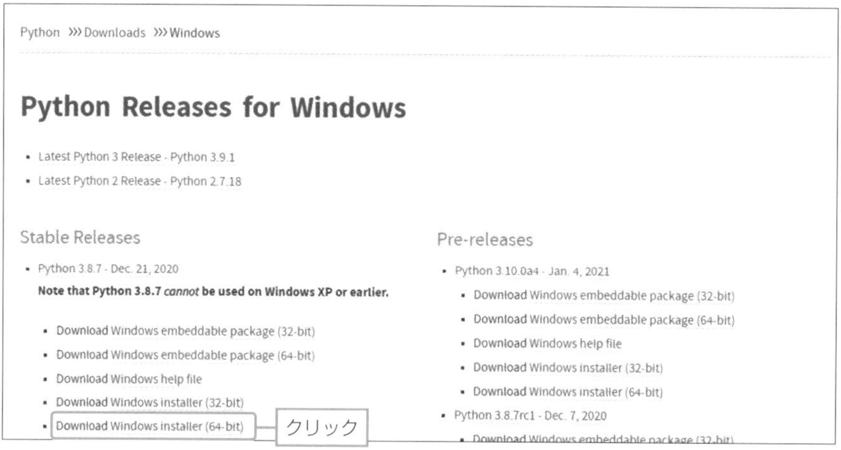

▲図3.3：「Download Windows installer (64-bit)」をクリック

24

ダウンロードしたファイルを実行し、セットアップウィザードが起動したら、以下の手順でインストールします。

1.「Add Python 3.x to PATH」にチェックを入れます（図3.4❶）。
2.「Install Now」をクリックします❷。
3. Windowsを再起動します。

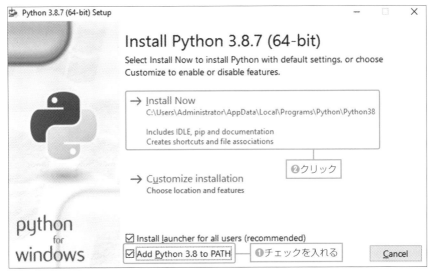

▲図3.4：「Add Python 3.x to Path」にチェックを入れ「Install Now」をクリック

P03 pipをインストールする

pipのインストール方法について解説します。

1. pipとは

Pythonにおけるパッケージは以下の2つの種類があります。

- 公式のパッケージ
- サードパーティのパッケージ

　公式のパッケージはPythonがインストールされると同時にインストールされます。

　サードパーティのパッケージはPyPI（**URL** https://pypi.org/）というサイトで配布されており、別途インストールする必要があります。

　pipは、このサードパーティが配布しているパッケージを管理するためのシステムになります。

　pipを使うことで、Flask自体を含め、便利なパッケージを簡単にインストールしてアプリケーションで使うことができます。

2. pipをインストールする

　pipはPython 3.4以降では標準搭載されていますので、特にインストールは不要です。もし搭載されていない場合は、以下のコマンドを実行することでインストール可能です。

`ターミナル` `コマンドプロンプト`

```
curl -kL https://bootstrap.pypa.io/get-pip.py | sudo python
```

以下のように`pip --version`とコマンドを入力して、バージョン番号が表示されればインストール成功です。

ターミナル コマンドプロンプト

```
pip --version
pip 20.3.3 from /Users/hondatakatomo/.pyenv/versions/3.8.7/lib/⏎
python3.8/site-packages/pip (python 3.8)
```

　Python3を利用している場合は、以下のコマンドを実行して、バージョンを確認できます（以後、`pip3`と置き換えてお読みください）。

ターミナル コマンドプロンプト

```
pip3 --version
pip 20.3.3 from /opt/homebrew/lib/python3.8/site-packages/⏎
pip (python 3.8)
```

P 04 Pipenvを導入する

Pipenvの導入方法について解説します。

それでは、サーバレスアプリケーションを作成していきます。
まずは、仮想環境を構築します。

1. Pipenvをインストールする

Pipenvとは、プロジェクトごとに自動で専用の環境(仮想環境)を作成し、仮想環境ごとにパッケージ管理を行うことができるライブラリです。

Pipenvを使うことで、他のプロジェクトには影響させずに、そのプロジェクト専用の環境を作ることができます。また、後ほど紹介するサーバレスアプリケーションのデプロイにも仮想環境の作成が必要になるため、Pipenvを使って仮想環境を作成します。

Pipenvをインストールするには、以下のコマンドを実行します(pip3を使用している場合は、pip3 install pipenvを実行)。

`ターミナル` `コマンドプロンプト`

```
pip install pipenv
```

以下のようにpipenv --versionと入力して実行し、バージョン番号が表示されればインストール成功です。

`ターミナル` `コマンドプロンプト`

```
pipenv --version
pipenv, version 2020.11.15
```

2. 仮想環境を作成する

「application」というフォルダを適当な場所に作って、その中に移動してください。

次に、以下のコマンドを実行します。

ターミナル コマンドプロンプト

```
pipenv --python 3.8
```

これにより、「application」フォルダ以下にPython 3.8で動く専用の仮想環境が用意されます。同時に、PipfileとPipfile.lockという名前の2つのファイルが作成され、これらのファイルにパッケージ情報が格納されます。

それでは実際に、以下のコマンドを実行して仮想環境に入ってみます。

ターミナル コマンドプロンプト

```
pipenv shell
```

こちらで、このプロジェクト専用の仮想環境が動作しました。これにより、動かしているマシンの状態に影響を与えずにこのプロジェクトだけで独立した開発が行えるようになりました。

P 05 Flaskを導入する

Flaskの導入方法について解説します。

1. Flaskとは

　FlaskはPythonで書くことができる、軽量なウェブアプリケーションフレームワークの1つです。このようなフレームワークはmicroframeworkと呼ばれています。

　Flaskの特徴は、1つのファイルでアプリケーションを作成できることです。さらに、大きなアプリケーションを作るための拡張性も備えています。

　本書では、Flaskを使ってウェブアプリケーションを作成します。

2. Flaskをインストールする

　Pipenvでは、以下のように記載することでパッケージをインストールすることができます。

`ターミナル` `コマンドプロンプト`

```
pipenv install [ パッケージの名前 ]
```

　上記のコマンドを利用して、この仮想環境にFlaskパッケージをインストールします。

`ターミナル` `コマンドプロンプト`

```
pipenv install Flask
```

P 06 まとめ

本章で学んだことをまとめます。

- アプリケーションの全体構成（本章01節）
- Pythonのインストール（本章02節）
- pipのインストール（本章03節）
- Pipenvの導入（本章04節）
- Flaskの導入（本章05節）
- 現時点でのアプリケーション構成

  ここまでのアプリケーション構成は、図3.5のようになります。

```
application/
    ├── Pipfile
    └── Pipfile.lock
```

▲図3.5：アプリケーション構成

31

Chapter4

アプリケーションを
作成する準備

本章から第8章までで、ローカルで動くアプリケーション
を一から開発していきます。
最初は1ファイルだけの小さなアプリケーションから作り
はじめ、動かしながら機能を追加していきます。最後には
一通りの機能を備えたアプリケーションを完成させること
を目標にします。

1ファイルで アプリケーションを作成する

1ファイルでアプリケーションを作成する方法を解説します。

第3章05節でインストールしたFlaskは「シングルファイルフレームワーク」と呼ばれ、アプリケーションを最小限の機能で簡単に動作させることができる、という特徴があります。

言葉の通り、1つのファイルだけでアプリケーションを作成することからはじめてみます。

hello.pyというファイルを作り、中身をリスト4.1のようにしてください。

▼リスト4.1：hello.py

```python
from flask import Flask
app = Flask(__name__)

@app.route('/')
def show_entries():
    return "Hello World!"

if __name__ == '__main__':
    app.run()
```

ターミナル（コマンドプロンプト）で以下のコマンドを実行します。

ターミナル コマンドプロンプト

```
python hello.py
 * Running on http://127.0.0.1:5000/ (Press CTRL+C to quit)
```

これでアプリケーションが立ち上がりました。http://127.0.0.1:5000/にアクセスします。図4.1のように表示されれば成功です。

▲図4.1：「Hello World!」の表示

これで、1つのファイルだけでFlaskアプリケーションを作成することができました。

02 起動ファイルを作成する

起動ファイルの作成方法を解説します。

前節では、1つのファイルでアプリケーションを作成しましたが、大きなアプリケーションを作るときには機能ごとにファイルを分けて作成していくほうが、アップデートもしやすく、拡張もしやすいアプリケーションになります。

そこで、先ほどの「Hello World!」を表示するアプリケーションを、起動ファイルのみを分けて作ってみます。

「application」フォルダ以下に、「flask_blog」という名前のフォルダを作成します。次に先ほど作成したhello.pyファイルを__init__.pyという名前に変え「flask_blog」フォルダの中に移動します。

__init__.pyの中身はリスト4.2のようにします。

ここまでのアプリケーション構成は、図4.2のようになります。

▼リスト4.2：flask_blog/__init__.py

```
from flask import Flask

app = Flask(__name__)

@app.route('/')
def show_entries():
    return "Hello World!"
```

```
application/
        Pipfile
        Pipfile.lock
        flask_blog/
                __init__.py
```

▲図4.2：アプリケーション構成

具体的には、先ほどのファイルから起動部分を取り除いています。取り除いた起動部分を、新しく起動ファイルとして作成します。

「application」フォルダ以下に、server.pyをリスト4.3の内容で作成します。

▼リスト4.3：server.py

```
from flask_blog import app

if __name__ == '__main__':
    app.run(debug=True)
```

リスト4.3について具体的に解説します。

1. アプリケーションファイルをインポートする

最初に以下のように書くことで、先ほど__init__.pyで作成したappをインポートしています。

```
from flask_blog import app
```

2. アプリケーションの起動処理を追加する

次に、以下のように書くことで、このファイルが直接実行されたとき（つまり、python server.pyと実行されたとき）に実行される処理を記述することができます。

```
if __name__ == '__main__':
    処理
```

本書は起動ファイルserver.pyを指定して、python server.pyとすることでアプリケーションを起動したいので、このif文中に起動に必要な処理内容を書きます。

```
if __name__ == '__main__':
    app.run(debug=True)
```

中身は、app.run(debug=True)の1行だけです。

前の章から、debug=True の内容が増えています。

これは、デバッグモードでアプリケーションを起動します、という意味になり、アプリケーション実行時にターミナル（コマンドプロンプト）画面に多彩な情報が表示されるようになります。

最後に、server.py を指定してサーバを起動してみます[1]。

```
python server.py
 * Running on http://127.0.0.1:5000/ (Press CTRL+C to quit)
 * Restarting with stat
 * Debugger is active!
 * Debugger PIN: 167-157-088
```

debug=True の内容を追加したので、ターミナル（コマンドプロンプト）に Debugger is active! と表示されていることがわかります。

http://127.0.0.1:5000/ にアクセスし、前章と同様に「Hello, World!」と表示されれば成功です（図4.3）。

※1　もしエラーが出る場合は、pipenv shell で仮想環境に入っていることを確認してください。

▲図4.3：「Hello World!」の表示

P03 configファイルを作成する

configファイルの作成方法を解説します。

　次に、configファイルを作成します。configファイルとは、アプリケーションの環境情報や設定情報を記載した設定ファイルです。

　本書のアプリケーションの例では、設定情報としてデバッグモードをONにしています。こちらはconfigファイルに記載したほうがよい内容になりますので、実際にconfigファイルを作成して設定情報を移動してみます。

1. configファイルを作成する

　「flask_blog」フォルダ以下に、config.pyという名前でconfigファイルを作成します（リスト4.4）。

▼リスト4.4：flask_blog/config.py

```
DEBUG = True
```

　設定は、この1行のみです。デバッグモードをONにするので、DEBUG = Trueと記載します。

2. server.pyを更新する

　代わりに、これまでserver.pyに直接書いていたデバッグ設定を削除します（リスト4.5）。

▼リスト4.5：server.py

```
from flask_blog import app

if __name__ == '__main__':
    app.run()
```

3. アプリケーションファイルを更新する

　作成したconfigファイルを読み込むため、アプリケーションファイルを更新します。

　flask_blog/__init__.pyファイル全体はリスト4.6のようになります。

▼リスト4.6：flask_blog/__init__.py

```
from flask import Flask

app = Flask(__name__)
app.config.from_object('flask_blog.config')

@app.route('/')
def show_entries():
    return "Hello World!"
```

　具体的には、以下の1行を追加しています。

```
app.config.from_object('flask_blog.config')
```

　これは、「flask_blog」フォルダ以下にあるconfig.pyの内容をconfigとして読み込みます、という設定です。

　それでは、以下のコマンドを実行して、アプリケーションを立ち上げます。

`ターミナル` `コマンドプロンプト`

```
python server.py
 * Running on http://127.0.0.1:5000/ (Press CTRL+C to quit)
 * Restarting with stat
 * Debugger is active!
 * Debugger PIN: 167-157-088
```

　ターミナル（コマンドプロンプト）でDebugger is active!となっているので、configファイルの内容が有効になっていることがわかります。

P04 まとめ

本章で学んだことをまとめます。

- 1ファイルでアプリケーションを作成（本章01節）
- 起動ファイルの作成（本章02節）
- configファイルの作成（本章03節）
- 現時点でのアプリケーション構成

　ここまでのアプリケーション構成は、図4.4のようになります。

```
application/
        ─── Pipfile
        ─── Pipfile.lock
        ─── server.py
        ─── flask_blog/
                    ─── __init__.py
                    ─── config.py
```

▲図4.4：アプリケーション構成

Chapter5

ビューを作成する

この章ではビューを作成する方法を解説します。

P 01 ビューとは

ここではビューについて簡単に解説します。

アプリケーションのURLにアクセスがあった際に、そのURLに紐付いた処理を行う機能がビューになります。

例を挙げると、http://127.0.0.1:5000/entriesというURLにアクセスがあった場合、以下の処理を行う機能がビューになります。

1.「記事の一覧を表示する」という処理を生成
2. URLとその処理を紐付ける

本章では基本的なビューの機能を作成します。

Chapter5 ビューを作成する

P02 ビューファイルを作成する

ビューファイルを作成する方法を解説します。

1. ビューファイルを作成する

まずは、ビューファイルを作成します。

「flask_blog」フォルダ以下に「views」というフォルダを作成します。

「views」フォルダ内に、__init__.pyのファイル名で空のファイルを作成します。このファイルを作成することで、「views」フォルダ内のファイルを参照することが可能になります。

次に、「views」フォルダ内にentries.pyの名前でビューファイルを作成します。

ここまでのアプリケーション構成は、図5.1のようになります。

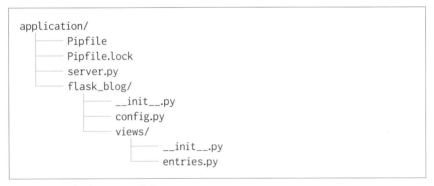

```
application/
      ├── Pipfile
      ├── Pipfile.lock
      ├── server.py
      └── flask_blog/
              ├── __init__.py
              ├── config.py
              └── views/
                      ├── __init__.py
                      └── entries.py
```

▲図5.1：アプリケーション構成

entries.pyファイルには、flask_blog/__init__.pyからビュー部分のみ切り出して記載します。ファイル全体はリスト5.1のようになります。

▼リスト5.1：flask_blog/views/entries.py

```
from flask_blog import app

@app.route('/')
def show_entries():
    return "Hello World!"
```

2. アプリケーションファイルを更新する

　ビュー部分を切り離しましたので、「flask_blog」フォルダにある__init__.pyも更新します。

　ファイル全体はリスト5.2のようになります。

▼リスト5.2：flask_blog/__init__.py

```
from flask import Flask

app = Flask(__name__)
app.config.from_object('flask_blog.config')

from flask_blog.views import entries
```

　ビュー部分だけを切り離したので、その箇所だけがなくなっています。

　代わりに以下を追加することで、先ほど作成したビューファイルをインポートしています。

```
from flask_blog.views import entries
```

　ここまででアプリケーションを起動し、ビューファイルを単独で作成した構成でも変わらず動作することを確認してみてください（図5.2）。

```
python server.py
 * Running on http://127.0.0.1:5000/ (Press CTRL+C to quit)
 * Restarting with stat
 * Debugger is active!
 * Debugger PIN: 167-157-088
```

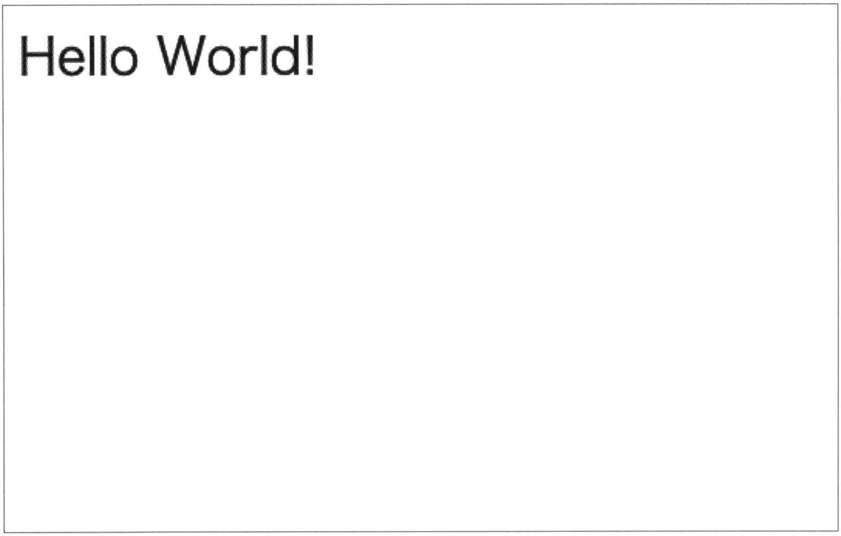

Hello World!

▲図5.2：「Hello World!」の表示

P03 最終的に必要なビューを追加する

最終的に必要なビューを全て追加する方法を解説します。

　前節でビューファイルが作成されたので、最終的に必要なビューを全て追加します。

　entries.py ファイル全体はリスト5.3のようになります。

▼リスト5.3：flask_blog/views/entries.py

```python
from flask import request
from flask_blog import app


@app.route('/')
def show_entries():
    # 全ての記事を表示
    return '全ての記事を表示'


@app.route('/entries', methods=['POST'])
def add_entry():
    # 記事の作成処理を実装
    return '新しく記事が作成されました'


@app.route('/entries/new', methods=['GET'])
def new_entry():
    # 記事の入力フォームを表示
    return '記事の入力フォームを表示'
```

```
@app.route('/entries/<int:id>', methods=['GET'])
def show_entry(id):
    # 記事を取得
    return f'記事 {id}を表示'


@app.route('/entries/<int:id>/edit', methods=['GET'])
def edit_entry(id):
    # 記事の編集フォームを表示
    return f'記事 {id}の編集フォームを表示'


@app.route('/entries/<int:id>/update', methods=['POST'])
def update_entry(id):
    # 記事の更新処理を実装
    return f'記事 {id}が更新されました'


@app.route('/entries/<int:id>/delete', methods=['POST'])
def delete_entry(id):
    # 記事の削除処理を実装
    return f'記事 {id}が削除されました'
```

　具体的に解説します。一覧にすると、ここでは、表5.1のビューを作成しています。

▼表5.1：ビュー

URL	ビュー名	処理内容
/	show_entries	記事の一覧を表示
/entries	add_entry	記事を新しく追加
/entries/new	new_entry	記事の新規追加フォームを表示
/entries/[int:id]	show_entry	記事の詳細を表示
/entries/[int:id]/edit	edit_entry	記事の編集フォームを表示
/entries/[int:id]/update	update_entry	記事の更新
/entries/[int:id]/delete	delete_entry	記事の削除

それぞれの設定内容ですが、update_entryビューを例に説明します（リスト5.4）。

▼リスト5.4：update_entryビュー

```
@app.route('/entries/<int:id>/update', methods=['POST'])
def update_entry(id):
    # 記事の更新処理を実装
    return f'記事 {id} が更新されました'
```

1. URL

@app.route('URL')の形で、URLを記載します。

2. HTTPメソッド

methodsの中に指定します。データの取得に関わるものはGET、更新に関わるものはPOSTを指定しています。

3. ビュー名

defビュー名(引数)のように指定します。

4. 引数

URL中に<int:id>と書くことで、該当の箇所を変数として扱うことができます。

例えば、/entries/1/updateにアクセスがあった際は、id=1として処理することができます。

以上になります。

実際に運用するときはデータベースから記事を取り出す処理などが必要になりますが、データベースは後の章での導入になりますので、ここではビューの枠だけ作成し、テキストだけ表示するようにしています。

それではいったん確認可能なビューだけ、実際に確認してみます。コマンドを入力しアプリケーションを立ち上げます。

```
python server.py
 * Running on http://127.0.0.1:5000/ (Press CTRL+C to quit)
 * Restarting with stat
 * Debugger is active!
 * Debugger PIN: 167-157-088
```

http://127.0.0.1:5000/ にアクセスします。「全ての記事を表示」と表示される
ようになりました（図5.3）。

全ての記事を表示

▲図5.3：「全ての記事を表示」と表示

http://127.0.0.1:5000/entries/new と直接 URL を打ち込んでみます。「記事の
入力フォームを表示」と表示されています（図5.4）。

記事の入力フォームを表示

▲図5.4：「記事の入力フォームを表示」と表示

http://127.0.0.1:5000/entries/1と直接URLを打ち込んでみます。「記事1を表示」と表示されています（図5.5）。

記事1を表示

▲図5.5：「記事1を表示」と表示

http://127.0.0.1:5000/entries/1/editと直接URLを打ち込んでみます。「記事1の編集フォームを表示」と表示されています（図5.6）。

記事1の編集フォームを表示

▲図5.6：「記事1の編集フォームを表示」

P04 まとめ

本章で学んだことをまとめます。

- ビューについて（本章01節）
- ビューファイルの作成（本章02節）
- 最終的に必要なビューの追加（本章03節）
- 現時点でのアプリケーション構成
  ここまでのアプリケーション構成は、図5.7のようになります。

```
application/
    ├── Pipfile
    ├── Pipfile.lock
    ├── server.py
    └── flask_blog/
            ├── __init__.py
            ├── config.py
            └── views/
                    ├── __init__.py
                    └── entries.py
```

▲図5.7：アプリケーション構成

Chapter6

テンプレートを
作成する

この章ではテンプレートファイルの作成方法を解説します。

P 01 テンプレートファイルを 作成する

これまでは、ビューではテキストデータを返していました。
しかし、実際にはWebサイトなどにアクセスしたときは、
HTMLページが表示されていると思います。この章では、
ビューにてHTMLファイルを返すように機能を追加します。

1. show.htmlを作成する

「flask_blog」フォルダの中に「templates」フォルダを作成し、その中に
「entries」フォルダを作成します。その中にshow.htmlをリスト6.1の内容で作
成します。

▼リスト6.1：flask_blog/templates/entries/show.html

```
<!doctype html>
<title>Flask Blog</title>

<link rel="stylesheet" href="https://maxcdn.bootstrapcdn.com/
bootstrap/4.0.0/css/bootstrap.min.css">
<script src="https://code.jquery.com/jquery-3.2.1.slim.min.js"></script>
<script src="https://cdnjs.cloudflare.com/ajax/libs/popper.js/1.12.9/
umd/popper.min.js"></script>
<script src="https://maxcdn.bootstrapcdn.com/bootstrap/4.0.0/js/
bootstrap.min.js"></script>
<link href="https://fonts.googleapis.com/earlyaccess/mplus1p.css"
rel="stylesheet" type="text/css">


<div class="container">
    <nav class="navbar navbar-expand-lg navbar-light bg-light">
        <a class="navbar-brand" href="{{ url_for('show_entries') }}">
Flask Blog</a>
        <button class="navbar-toggler" type="button" data-toggle=
"collapse" data-target="#navbarNav"
            aria-controls="navbarNav" aria-expanded="false" aria-label=
"Toggle navigation">
```

```
            <span class="navbar-toggler-icon"></span>
        </button>

        <div class="collapse navbar-collapse" id="navbarNav">
            <ul class="nav navbar-nav navbar-right">
                <li class="nav-item">
                    <a class="nav-link" href="{{ url_for('new_entry') }}">
新規投稿</a>
                </li>
            </ul>
        </div>
    </nav>

    <div class="blog-body">
        <h2>{{ entry.title }}</h2>
        <br> {{ entry.text|safe }}

        <br>
        <br> 投稿日時 {{ entry.created_at }}

        <br>
        <br>


        <div class="btn-group">
            <form action="{{ url_for('edit_entry', id=entry.id) }}"
method="get">
                <button type="submit" class="btn btn-secondary">編集
</button>
            </form>

            <form action="{{ url_for('delete_entry', id=entry.id) }}"
method="post">
                <button type="submit" class="btn btn-danger" style=
"margin-left:5px">削除</button>
            </form>
        </div>
    </div>
</div>
```

少し長いですが、解説します。

1. HTMLのタイトルの追加

ドキュメントタイプと、HTMLのタイトルを追加しています。

```
<!doctype html>
<title>Flask Blog</title>
```

2. 必要なライブラリのインポート

ここでは、Bootstrap（URL https://getbootstrap.com/docs/4.0/getting-started/introduction/）と呼ばれるライブラリを使っています。Bootstrapを用いることで、簡単に見た目を整えることができます。

Bootstrapを用いるためには、リスト6.1のコードで最初に書かれているように、以下の4行を追加するだけで使えるようになります。なお、ここでは、続く5行目でGoogleFontも導入しています。

```
<link rel="stylesheet" href="https://maxcdn.bootstrapcdn.com/
bootstrap/4.0.0/css/bootstrap.min.css">
<script src="https://code.jquery.com/jquery-3.2.1.slim.min.js"></script>
<script src="https://cdnjs.cloudflare.com/ajax/libs/popper.js/1.12.9/
umd/popper.min.js"></script>
<script src="https://maxcdn.bootstrapcdn.com/bootstrap/4.0.0/js/
bootstrap.min.js"></script>
<link href="https://fonts.googleapis.com/earlyaccess/mplus1p.css"
rel="stylesheet" type="text/css">
```

3. HTMLの本文の追加

HTMLの本文を追加します。

```
<div class="container">
本文の内容
</div>
```

次から、本文の内容を説明します。

4. ナビゲーションバーの追加

ナビゲーションバー（各ページの上部に表示されるバー）に新規投稿のリンクを追加しています。

```
<nav class="navbar navbar-expand-lg navbar-light bg-light">
    <a class="navbar-brand" href="{{ url_for('show_entries') }}">
Flask Blog</a>
    <button class="navbar-toggler" type="button" data-toggle="
collapse" data-target="#navbarNav"
        aria-controls="navbarNav" aria-expanded="false" aria-label=
"Toggle navigation">
        <span class="navbar-toggler-icon"></span>
    </button>

    <div class="collapse navbar-collapse" id="navbarNav">
    <ul class="nav navbar-nav navbar-right">
        <li class="nav-item">
            <a class="nav-link" href="{{ url_for('new_entry') }}">
新規投稿</a>
        </li>
    </ul>
    </div>
</nav>
```

こちらも、Bootstrap（**URL** https://getbootstrap.com/docs/4.0/getting-started/introduction/）にあるナビゲーションバーの書き方にしたがって記載しています。

5. コンテンツの追加

最後にコンテンツ部分として、記事のタイトル、本文、投稿日時を表示しています。また、下部に「編集」ボタンと「削除」ボタンも表示しています。

```
<div class="blog-body">
    <h2>{{ entry.title }}</h2>
    <br> {{ entry.text|safe }}

    <br>
    <br> 投稿日時 {{ entry.created_at }}

    <br>
    <br>


    <div class="btn-group">
        <form action="{{ url_for('edit_entry', id=entry.id) }}"
method="get">
            <button type="submit" class="btn btn-secondary">編集
</button>
        </form>

        <form action="{{ url_for('delete_entry', id=entry.id) }}"
method="post">
            <button type="submit" class="btn btn-danger" style=
"margin-left:5px">削除 </button>
        </form>
    </div>
</div>
```

P02 ビューとテンプレートファイル を紐付ける

ビューとテンプレートファイルを紐付ける方法を解説します。

本章01節でhtmlファイルの作成は完了しましたので、ビューでhtmlを返すようにentries.pyをアップデートします。ファイル全体はリスト6.2のようになります。

▼リスト6.2：flask_blog/views/entries.py

```
from flask import request, redirect, url_for, render_template, flash, ⏎
session
from flask_blog import app
from datetime import datetime


@app.route('/')
def show_entries():
    # 全ての記事を表示
    return '全ての記事を表示'


@app.route('/entries', methods=['POST'])
def add_entry():
    # 記事の作成処理を実装
    return '新しく記事が作成されました'


@app.route('/entries/new', methods=['GET'])
def new_entry():
    # 記事の入力フォームを表示
    return '記事の入力フォームを表示'
```

```
@app.route('/entries/<int:id>', methods=['GET'])
def show_entry(id):
    entry = {
        'id': 1,
        'title': 'はじめての投稿',
        'text': 'はじめての内容',
        'created_at': datetime.now(),
    }
    return render_template('entries/show.html', entry=entry)


@app.route('/entries/<int:id>/edit', methods=['GET'])
def edit_entry(id):
    # 記事の編集フォームを表示
    return f'記事{id}の編集フォームを表示'


@app.route('/entries/<int:id>/update', methods=['POST'])
def update_entry(id):
    # 記事の更新処理を実装
    return f'記事{id}が更新されました'


@app.route('/entries/<int:id>/delete', methods=['POST'])
def delete_entry(id):
    # 記事の削除処理を実装
    return f'記事{id}が削除されました'
```

　具体的には、ライブラリの追加および、show.htmlに関する以下のshow_entry
ビューを変更しています。最初に、関係するライブラリを追加してます。

```
from flask import request, redirect, url_for, render_template, flash, ⏎
session
from flask_blog import app
from datetime import datetime
```

　show_entryビューは以下になります。

```
@app.route('/entries/<int:id>', methods=['GET'])
def show_entry(id):
    entry = {
        'id': 1,
        'title': 'はじめての投稿',
        'text': 'はじめての内容',
        'created_at': datetime.now(),
    }
    return render_template('entries/show.html', entry=entry)
```

以下から追加されたコードを具体的に解説します。

1. URLから引数の取得

　以下のように記載することで、http://127.0.0.1:5000/entries/1にアクセスされたときに、id=1として処理することができます。

```
@app.route('/entries/<int:id>', methods=['GET'])
def show_entry(id):
```

2. データの取得

　次に、実際にはこのidに紐付いたブログ内容などのデータをデータベースからとってくるのですが、データベースについては第7章で説明していくため、ここではいったん仮の値を設定しています。

```
    entry = {
        'id': 1,
        'title': 'はじめての投稿',
        'text': 'はじめての内容',
        'created_at': datetime.now(),
    }
```

3. HTMLファイルを返す

　最後に、以下のように記載することで、entryのデータとともにshow.htmlファイルを返すことができます。

```
return render_template('entries/show.html', entry=entry)
```

それでは、show.htmlが表示されるようになっているか確認してみます。
アプリケーションを立ち上げます。

ターミナル コマンドプロンプト

```
python server.py
 * Running on http://127.0.0.1:5000/ (Press CTRL+C to quit)
 * Restarting with stat
 * Debugger is active!
 * Debugger PIN: 167-157-088
```

http://127.0.0.1:5000/entries/1
にアクセスします。記事の本文と
ボタンが含まれた、htmlファイル
が表示されることが確認できま
した（図6.1）。

また、ここでBootstrapの特徴
を1つご説明します。

ブラウザのウインドウの幅を
狭めることで、図6.2のように
「新規投稿」のメニューがハン
バーガーメニューに変わること
を確認してみてください。

これは、レスポンシブウェブデ
ザインと呼ばれる、ウインドウの
幅などを元にレイアウトが動的
に調整される機能によって実現
されています。

Bootstrapではレスポンシブ
ウェブデザインによって、閲覧機器（PC、タブレット、携帯電話）ごとにレイ
アウトが動的に調整することができるという、大きな特徴があります。

▲図6.1：記事の本文とボタンが含まれた表示
　　　　（表示のみの確認）

▲図6.2：ハンバーガーメニュー

03 staticファイルを作成する

staticファイルを作成する方法を解説します。

Webサイトではhtmlファイルと併せて、見た目を整えるためのCSSファイルを使うことが一般的です。CSSファイルを作成して、Webアプリケーションに反映されるようにします。

1. CSSファイルを作成する

「flask_blog」フォルダ以下に「static」という名前のフォルダを作成し、その中に「style.css」というファイルを作成します。ファイル全体はリスト6.3のようになります。

▼リスト6.3：flask_blog/static/style.css

```css
.card {
    margin: 0.25rem;
}

.blog-body {
    padding: 1.25em;
}

* {
    font-family: 'Mplus 1p';
}
```

ここでは、記事一覧で表示するcardクラスのマージン（要素の外側の余白）設定と、メイン表示であるblog-bodyクラスのパディング（要素の内側の余白）設定をしてレイアウトを整えています。併せて、GoogleFontでインポートしたMplus 1pフォントを全体に適用しています。

2. show.htmlへ反映する

次に、このCSSファイルが反映されるようshow.htmlをアップデートします。ファイル全体はリスト6.4のようになります。

▼リスト6.4：flask_blog/templates/entries/show.html

```
<!doctype html>
<title>Flask Blog</title>

<link rel="stylesheet" href="https://maxcdn.bootstrapcdn.com/⏎
bootstrap/4.0.0/css/bootstrap.min.css">
<script src="https://code.jquery.com/jquery-3.2.1.slim.min.js"></script>
<script src="https://cdnjs.cloudflare.com/ajax/libs/popper.js/1.12.9/⏎
umd/popper.min.js"></script>
<script src="https://maxcdn.bootstrapcdn.com/bootstrap/4.0.0/js/⏎
bootstrap.min.js"></script>
<link href="https://fonts.googleapis.com/earlyaccess/mplus1p.css" ⏎
rel="stylesheet" type="text/css">
<link rel=stylesheet href="{{ url_for('static', filename='style.css') ⏎
}}">

<div class="container">
    <nav class="navbar navbar-expand-lg navbar-light bg-light">
        <a class="navbar-brand" href="{{ url_for('show_entries') }}">⏎
Flask Blog</a>
        <button class="navbar-toggler" type="button" data-toggle=⏎
"collapse" data-target="#navbarNav" aria-controls="navbarNav" ⏎
aria-expanded="false"
            aria-label="Toggle navigation">
            <span class="navbar-toggler-icon"></span>
        </button>

        <div class="collapse navbar-collapse" id="navbarNav">
            <ul class="nav navbar-nav navbar-right">
                <li class="nav-item">
                    <a class="nav-link" href="{{ url_for('new_entry') }}">⏎
新規投稿</a>
                </li>
            </ul>
        </div>
    </nav>
```

```
<div class="blog-body">
  <h2>{{ entry.title }}</h2>
  <br> {{ entry.text|safe }}

  <br>
  <br> 投稿日時 {{ entry.created_at }}

  <br>
  <br>


  <div class="btn-group">
  <form action="{{ url_for('edit_entry', id=entry.id) }}" method=
"get">
      <button type="submit" class="btn btn-secondary">編集
</button>
      </form>

      <form action="{{ url_for('delete_entry', id=entry.id) }}"
method="post">
      <button type="submit" class="btn btn-danger"
style="margin-left:5px">削除</button>
      </form>
      </div>
  </div>

</div>
```

具体的には、以下の1行を追加しています。この1行を追加するだけでcss
ファイルが反映されるようになります。

```
<link rel=stylesheet href="{{ url_for('static', filename='style.css')
}}">
```

それでは、CSSが反映されているか確認してみます。以下のコマンドでアプリケーションを立ち上げます。

ターミナル コマンドプロンプト

```
python server.py
 * Running on http://127.0.0.1:5000/ (Press CTRL+C to quit)
 * Restarting with stat
 * Debugger is active!
 * Debugger PIN: 167-157-088
```

http://127.0.0.1:5000/entries/1にアクセスします。フォントの変更とともに、見た目のインデントが整えられたことが確認できました（図6.3）。

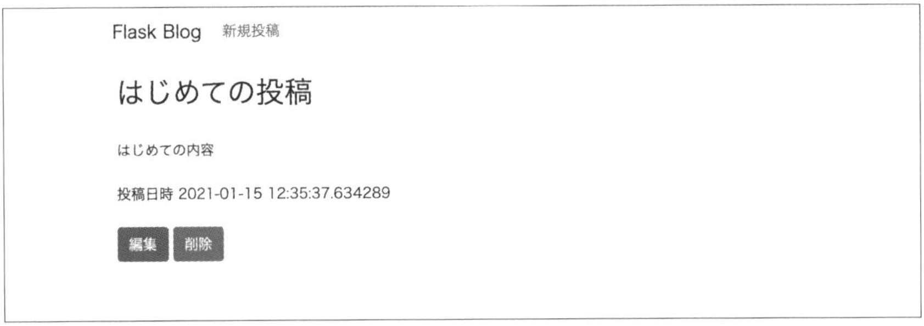

▲図6.3：インデントが整えられて表示

P04 投稿一覧画面を作成する

投稿一覧画面を作成する方法を解説します。

次に、投稿一覧画面を作成します。

1. index.htmlを作成する

「templates/entries」フォルダ以下に、index.htmlファイルをリスト6.5の内容で作成します。

▼リスト6.5：flask_blog/templates/entries/index.html

```
<!doctype html>
<title>Flask Blog</title>

<link rel="stylesheet" href="https://maxcdn.bootstrapcdn.com/
bootstrap/4.0.0/css/bootstrap.min.css">
<script src="https://code.jquery.com/jquery-3.2.1.slim.min.js"></script>
<script src="https://cdnjs.cloudflare.com/ajax/libs/popper.js/1.12.9/
umd/popper.min.js"></script>
<script src="https://maxcdn.bootstrapcdn.com/bootstrap/4.0.0/js/
bootstrap.min.js"></script>
<link href="https://fonts.googleapis.com/earlyaccess/mplus1p.css"
rel="stylesheet" type="text/css">
<link rel=stylesheet href="{{ url_for('static', filename='style.css')
}}">

<div class="container">
    <nav class="navbar navbar-expand-lg navbar-light bg-light">
      <a class="navbar-brand" href="{{ url_for('show_entries') }}">
Flask Blog</a>
      <button class="navbar-toggler" type="button" data-toggle=
"collapse" data-target="#navbarNav" aria-controls="navbarNav"
aria-expanded="false"
```

```
          aria-label="Toggle navigation">
          <span class="navbar-toggler-icon"></span>
        </button>

        <div class="collapse navbar-collapse" id="navbarNav">
          <ul class="nav navbar-nav navbar-right">
            <li class="nav-item">
              <a class="nav-link" href="{{ url_for('new_entry') }}">⏎
新規投稿</a>
            </li>
          </ul>
        </div>
      </nav>

      <div class="blog-body">
        <ul class="list-group list-group-flush">
          {% for entry in entries %}
          <div class="card">
            <div class="card-body">
              <h5 class="card-title">{{ entry.title }}</h5>
              <a href="{{ url_for('show_entry', id=entry.id) }}" ⏎
class="card-link">続きを読む</a>
            </div>
          </div>
          {% else %}
          投稿がありません
          {% endfor %}
        </ul>
      </div>
</div>
```

具体的には、show.htmlと比べて以下の部分が変更になっています。

```
      <div class="blog-body">
        <ul class="list-group list-group-flush">
          {% for entry in entries %}
          <div class="card">
            <div class="card-body">
              <h5 class="card-title">{{ entry.title }}</h5>
```

```
                <a href="{{ url_for('show_entry', id=entry.id) }}" ⏎
class="card-link">続きを読む</a>
            </div>
            </div>
        {% else %}
        投稿がありません
        {% endfor %}
    </ul>
  </div>
```

　entriesで渡された1つ1つの記事に対して、タイトルと「続きを読む」のリンクを表示させています。もし記事が1つもなかった場合は、「投稿がありません」というメッセージを表示させています。

2. ビューと紐付ける

　次に、作成したindex.htmlを表示させるためにentries.pyビューファイルを更新します。

　ファイル全体はリスト6.6のようになります。

▼リスト6.6：flask_blog/views/entries.py

```
from flask import request, redirect, url_for, render_template, flash, ⏎
session
from flask_blog import app
from datetime import datetime


@app.route('/')
def show_entries():
    entries = [
      {
      'id': 1,
      'title': 'はじめての投稿',
      'text': 'はじめての内容',
      'created_at': datetime.now(),
      },
      {
      'id': 2,
```

```
            'title': '2つめの投稿',
            'text': '2つめの内容',
            'created_at': datetime.now(),
            },
        ]
    return render_template('entries/index.html', entries=entries)


@app.route('/entries', methods=['POST'])
def add_entry():
    # 記事の作成処理を実装
    return '新しく記事が作成されました'


@app.route('/entries/new', methods=['GET'])
def new_entry():
    # 記事の入力フォームを表示
    return '記事の入力フォームを表示'


@app.route('/entries/<int:id>', methods=['GET'])
def show_entry(id):
    entry = {
        'id': 1,
        'title': 'はじめての投稿',
        'text': 'はじめての内容',
        'created_at': datetime.now(),
    }
    return render_template('entries/show.html', entry=entry)


@app.route('/entries/<int:id>/edit', methods=['GET'])
def edit_entry(id):
    # 記事の編集フォームを表示
    return f'記事 {id} の編集フォームを表示'


@app.route('/entries/<int:id>/update', methods=['POST'])
def update_entry(id):
    # 記事の更新処理を実装
    return f'記事 {id} が更新されました'
```

```
@app.route('/entries/<int:id>/delete', methods=['POST'])
def delete_entry(id):
    # 記事の削除処理を実装
    return f'記事{id}が削除されました'
```

具体的には、以下の部分を変更しています。

```
@app.route('/')
def show_entries():
    entries = [
        {
        'id': 1,
        'title': 'はじめての投稿',
        'text': 'はじめての内容',
        'created_at': datetime.now(),
        },
        {
        'id': 2,
        'title': '2つめの投稿',
        'text': '2つめの内容',
        'created_at': datetime.now(),
        },
    ]
    return render_template('entries/index.html', entries=entries)
```

show_entriesビューにて、全ての記事を取得し、その記事とともにindex.htmlファイルを返すようにしています。

全ての記事はデータベースから取得するのですが、第7章で導入するのでここでは仮のデータを渡すようにしています。

それでは、動作を確認してみます。以下のコマンドを実行して、アプリケーションを立ち上げます。

ターミナル コマンドプロンプト

```
python server.py
 * Running on http://127.0.0.1:5000/ (Press CTRL+C to quit)
 * Restarting with stat
 * Debugger is active!
 * Debugger PIN: 167-157-088
```


http://127.0.0.1:5000/にアクセスします。記事一覧が表示されていることが確認できました（図6.4）。

▲図6.4：記事一覧の表示

P 05 レイアウトファイルを 作成する

レイアウトファイルを作成する方法を解説します。

　ここまでで記事の詳細を表示するshow.htmlテンプレートファイルと、記事の一覧を表示するindex.htmlテンプレートファイルを作成しました。

　ただし、異なる部分は一部分のみで、CSSファイルなどのインポート部分やナビゲーションメニューの部分は、共通の内容でした。

　この共通の内容をレイアウトファイルとして作成することで、共通部分はレイアウトファイルに1度だけ書けばよくなり、個別のファイルは異なる部分だけ作成すればよくなります。

1. レイアウトファイルを作成する

　それでは、レイアウトファイルを作成してみます。

　「templates」フォルダ以下に、layout.htmlをリスト6.7の内容で作成します。

▼リスト6.7：flask_blog/templates/layout.html

```
<!doctype html>
<title>Flask Blog</title>

<link rel="stylesheet" href="https://maxcdn.bootstrapcdn.com/
bootstrap/4.0.0/css/bootstrap.min.css">
<script src="https://code.jquery.com/jquery-3.2.1.slim.min.js"></script>
<script src="https://cdnjs.cloudflare.com/ajax/libs/popper.js/1.12.9/
umd/popper.min.js"></script>
<script src="https://maxcdn.bootstrapcdn.com/bootstrap/4.0.0/js/
bootstrap.min.js"></script>
```

```html
<link href="https://fonts.googleapis.com/earlyaccess/mplus1p.css"
rel="stylesheet" type="text/css">
<link rel=stylesheet href="{{ url_for('static', filename='style.css')
}}">

<div class="container">
    <nav class="navbar navbar-expand-lg navbar-light bg-light">
        <a class="navbar-brand" href="{{ url_for('show_entries') }}">
Flask Blog</a>
        <button class="navbar-toggler" type="button" data-toggle=
"collapse" data-target="#navbarNav" aria-controls="navbarNav"
aria-expanded="false"
          aria-label="Toggle navigation">
          <span class="navbar-toggler-icon"></span>
        </button>

        <div class="collapse navbar-collapse" id="navbarNav">
          <ul class="nav navbar-nav navbar-right">
            <li class="nav-item">
                <a class="nav-link" href="{{ url_for('new_entry') }}">
新規投稿</a>
            </li>
          </ul>
        </div>
    </nav>

    <div class="blog-body">
      {% block body %}{% endblock %}
    </div>

</div>
```

2つのファイルの共通部分である、タイトルとライブラリのインポート部分、ナビゲーションメニュー部分を抜き出した内容になっています。

一部、以下の部分だけ異なる記載となっています。

```html
<div class="blog-body">
  {% block body %}{% endblock %}
</div>
```

このように記載することで、個別のファイルの内容をこの箇所に反映させることが可能になります。

2. show.htmlとindex.htmlを更新する

これで、show.html と index.html は個別の部分のみの内容でよくなりましたので、アップデートします。

show.html はリスト6.8のようになります。

▼リスト6.8：flask_blog/templates/entries/show.html

```
{% extends "layout.html" %}
{% block body %}

<h2>{{ entry.title }}</h2>
<br> {{ entry.text|safe }}

<br>
<br> 投稿日時 {{ entry.created_at }}

<br>
<br>


<div class="btn-group">
<form action="{{ url_for('edit_entry', id=entry.id) }}" method="get">
    <button type="submit" class="btn btn-secondary">編集</button>
    </form>

    <form action="{{ url_for('delete_entry', id=entry.id) }}" method=⏎
"post">
    <button type="submit" class="btn btn-danger" style=⏎
"margin-left:5px">削除</button>
    </form>
    </div>

{% endblock %}
```

これだけで済むようになりました。記載のルールは次の通りになります。

ファイルの最初に以下を記載します。

```
{% extends "layout.html" %}
```

layout.htmlの個別部分に反映させたい部分を以下のように囲みます。

```
{% block body %}
個別の内容
{% endblock %}
```

同様に、index.html をリスト6.9のようにアップデートします。

▼リスト6.9：flask_blog/templates/entries/index.html

```
{% extends "layout.html" %}
{% block body %}
<ul class="list-group list-group-flush">

{% for entry in entries %}
<div class="card">
   <div class="card-body">
      <h5 class="card-title">{{ entry.title }}</h5>
      <a href="{{ url_for('show_entry', id=entry.id) }}" ⏎
class="card-link">続きを読む</a>
      </div>
      </div>
{% else %}
   投稿がありません
{% endfor %}
</ul>
{% endblock %}
```

こちらも、これだけの内容でよくなりました。

それでは、変更前と変わらずにアプリケーションが動作するか確認してみます。以下のコマンドを実行して、アプリケーションを立ち上げます。

ターミナル コマンドプロンプト

```
python server.py
 * Running on http://127.0.0.1:5000/ (Press CTRL+C to quit)
 * Restarting with stat
 * Debugger is active!
 * Debugger PIN: 167-157-088
```

Webブラウザで、http://127.0.0.1:5000/ にアクセスすると、正しく一覧ページが表示されます。「続きを読む」リンクをクリックします（図6.5）。

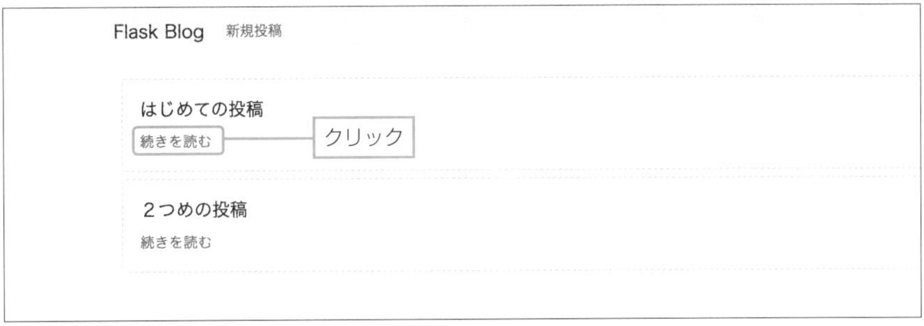

▲図6.5：一覧ページで「続きを読む」リンクをクリック

記事の詳細ページも変わらず表示されることが確認できました（図6.6）。

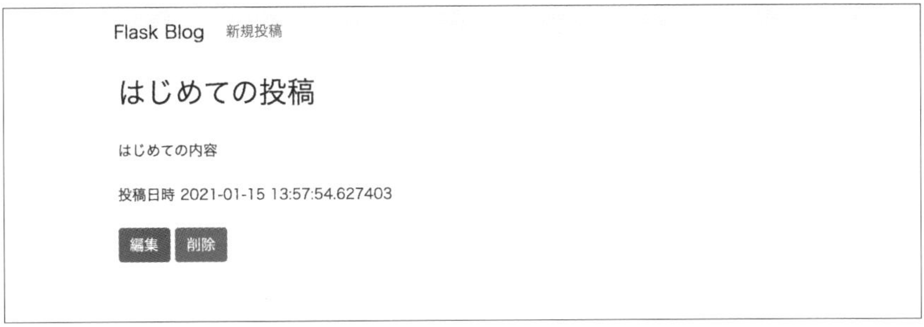

▲図6.6：記事の詳細ページの表示

P06 新規投稿画面を作成する

新規投稿画面を作成する方法を解説します。

新規に記事を作成するための投稿画面を作成します。

1. new.htmlを作成する

「templates/entries」フォルダ以下に、new.html をリスト6.10の内容で作成します。

▼リスト6.10：flask_blog/templates/entries/new.html

```
{% extends "layout.html" %}
{% block body %}
<form action="{{ url_for('add_entry') }}" method=post class=add-entry>
    <div class="form-group">
        <label for="InputTitle">タイトル</label>
        <input type="text" class="form-control" id="InputTitle" ⏎
name=title>
    </div>


    <div class="form-group">
        <label for="InputText">本文</label>
        <textarea class="form-control" id="InputText" name=text ⏎
rows="3"></textarea>
    </div>
    <button type="submit" class="btn btn-primary">作成</button>
</form>
{% endblock %}
```

タイトルと本文を入力できるフォームを作成しました。

フォームの投稿先はadd_entryビューになりますので、formのaction属性に
設定しています。

2. ビューに反映する

それではフォームを表示させるために、entries.pyをアップデートします。
ファイル全体はリスト6.11のようになります。

▼リスト6.11：flask_blog/views/entries.py

```python
from flask import request, redirect, url_for, render_template, flash, ⏎
session
from flask_blog import app
from datetime import datetime


@app.route('/')
def show_entries():
    entries = [
        {
        'id': 1,
        'title': 'はじめての投稿',
        'text': 'はじめての内容',
        'created_at': datetime.now(),
        },
        {
        'id': 2,
        'title': '2つめの投稿',
        'text': '2つめの内容',
        'created_at': datetime.now(),
        },
    ]
    return render_template('entries/index.html', entries=entries)


@app.route('/entries', methods=['POST'])
def add_entry():
    # 記事の作成処理を実装
    return '新しく記事が作成されました'


@app.route('/entries/new', methods=['GET'])
```

```
def new_entry():
    return render_template('entries/new.html')


@app.route('/entries/<int:id>', methods=['GET'])
def show_entry(id):
    entry = {
        'id': 1,
        'title': 'はじめての投稿',
        'text': 'はじめての内容',
        'created_at': datetime.now(),

    }
    return render_template('entries/show.html', entry=entry)


@app.route('/entries/<int:id>/edit', methods=['GET'])
def edit_entry(id):
    # 記事の編集フォームを表示
    return f'記事{id}の編集フォームを表示'


@app.route('/entries/<int:id>/update', methods=['POST'])
def update_entry(id):
    # 記事の更新処理を実装
    return f'記事{id}が更新されました'


@app.route('/entries/<int:id>/delete', methods=['POST'])
def delete_entry(id):
    # 記事の削除処理を実装
    return f'記事{id}が削除されました'
```

具体的には、以下の部分を変更しています。

```
@app.route('/entries/new', methods=['GET'])
def new_entry():
    return render_template('entries/new.html')
```

new_entryビューを編集し、このURLにアクセスがあった場合は、先ほど作成したnew.htmlを返すようにしました。

それでは動作を確認してみます。以下のコマンドを実行して、アプリケーションを立ち上げます。

`ターミナル` `コマンドプロンプト`

```
python server.py
 * Running on http://127.0.0.1:5000/ (Press CTRL+C to quit)
 * Restarting with stat
 * Debugger is active!
 * Debugger PIN: 167-157-088
```

http://127.0.0.1:5000/にアクセスします。「新規投稿」をクリックします（図6.7）。

▲図6.7：「新規投稿」をクリック

新規投稿フォームが表示されていることが確認できました（図6.8）。

▲図6.8：新規投稿フォームの表示を確認（表示のみの確認）

83

P07 投稿編集画面を作成する

投稿編集画面を作成する方法を解説します。

投稿編集画面を作成します。

1. edit.htmlを作成する

「templates/entries」フォルダ以下に、edit.htmlをリスト6.12の内容で作成します。

▼リスト6.12：flask_blog/templates/entries/edit.html

```
{% extends "layout.html" %}
{% block body %}
<form action="{{ url_for('update_entry', id=entry.id) }}" method=post ⏎
class=add-entry>
   <div class="form-group">
      <label for="InputTitle">タイトル</label>
      <input type="text" class="form-control" id="InputTitle" ⏎
name=title value={{ entry.title }}>
   </div>
   <div class="form-group">
      <label for="InputText">本文</label>
      <textarea class="form-control" id="InputText" name=text ⏎
rows="3">{{ entry.text | safe }}</textarea>
   </div>
   <button type="submit" class="btn btn-primary">更新</button>
</form>

{% endblock %}
```

タイトルと本文を編集するフォームを作成しています。

フォームを編集する処理はupdate_entryになりますので、フォームのaction属性に設定しています。ここでは更新なので、valueに入れることで現在の記事内容をあらかじめ表示させて、編集できるようにしています。

2. ビューに反映する

それでは作成したedit.htmlを表示させるために、entries.pyをアップデートします（リスト6.13）。

▼リスト6.13：flask_blog/views/entries.py

```python
from flask import request, redirect, url_for, render_template, flash, ⏎
session
from flask_blog import app
from datetime import datetime


@app.route('/')
def show_entries():
    entries = [
        {
        'id': 1,
        'title': 'はじめての投稿',
        'text': 'はじめての内容',
        'created_at': datetime.now(),
        },
        {
        'id': 2,
        'title': '2つめの投稿',
        'text': '2つめの内容',
        'created_at': datetime.now(),
        },
    ]
    return render_template('entries/index.html', entries=entries)


@app.route('/entries', methods=['POST'])
def add_entry():
    # 記事の作成処理を実装
    return '新しく記事が作成されました'
```

```
@app.route('/entries/new', methods=['GET'])
def new_entry():
    return render_template('entries/new.html')


@app.route('/entries/<int:id>', methods=['GET'])
def show_entry(id):
    entry = {
        'id': 1,
        'title': 'はじめての投稿',
        'text': 'はじめての内容',
        'created_at': datetime.now(),

    }
    return render_template('entries/show.html', entry=entry)


@app.route('/entries/<int:id>/edit', methods=['GET'])
def edit_entry(id):
    entries = [
        {
        'id': 1,
        'title': 'はじめての投稿',
        'text': 'はじめての内容',
        'created_at': datetime.now(),
        },
        {
        'id': 2,
        'title': '2つめの投稿',
        'text': '2つめの内容',
        'created_at': datetime.now(),
        },
    ]
    entry = None
    for e in entries:
        if e['id'] == id:
            entry = e
    return render_template('entries/edit.html', entry=entry)


@app.route('/entries/<int:id>/update', methods=['POST'])
def update_entry(id):
    # 記事の更新処理を実装
    return f'記事 {id} が更新されました'
```

```
@app.route('/entries/<int:id>/delete', methods=['POST'])
def delete_entry(id):
    # 記事の削除処理を実装
    return f'記事{id}が削除されました'
```

具体的には、以下の部分を変更しています。

```
@app.route('/entries/<int:id>/edit', methods=['GET'])
def edit_entry(id):
    entries = [
        {
        'id': 1,
        'title': 'はじめての投稿',
        'text': 'はじめての内容',
        'created_at': datetime.now(),
        },
        {
        'id': 2,
        'title': '2つめの投稿',
        'text': '2つめの内容',
        'created_at': datetime.now(),
        },
    ]
    entry = None
    for e in entries:
        if e['id'] == id:
            entry = e
    return render_template('entries/edit.html', entry=entry)
```

URLで渡されたidから該当する記事を取り出し、edit.htmlと一緒に渡しています。

データベースは第7章で導入しますので、ここでは仮の値を渡しておきます。

それでは、実際に反映されているか動作確認してみます。以下のコマンドを実行して、アプリケーションを立ち上げます。

```
python server.py
 * Running on http://127.0.0.1:5000/ (Press CTRL+C to quit)
 * Restarting with stat
 * Debugger is active!
 * Debugger PIN: 167-157-088
```

http://127.0.0.1:5000/にアクセスします。

記事一覧画面が表示されるので、最初の記事の「続きを読む」をクリックします（図6.9）。

▲図6.9：「続きを読む」をクリック

記事詳細画面が表示されます（図6.10❶）。「編集」ボタンをクリックします❷。

▲図6.10：「編集」ボタンをクリック

記事編集画面が表示されていることが確認できます（図6.11）。

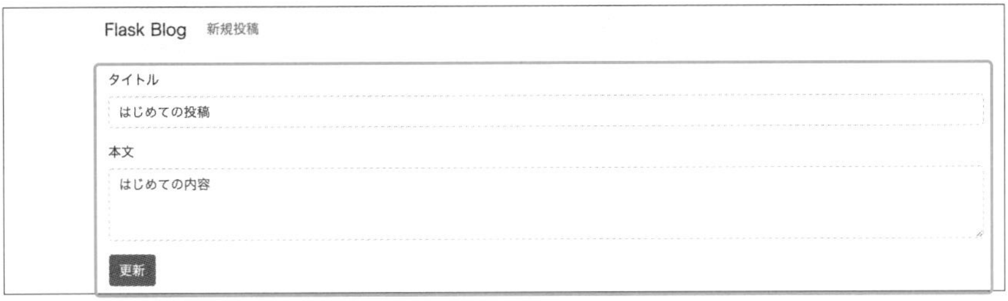

▲図6.11：記事編集画面の表示

　なお、まだこの段階では、本文を投稿・編集することはできません。

P08 まとめ

本章で学んだことをまとめます。

- テンプレートファイルの作成（本章01節）
- ビューとテンプレートファイルの紐付け（本章02節）
- static ファイルの作成（本章03節）
- 投稿一覧画面の作成（本章04節）
- レイアウトファイルの作成（本章05節）
- 新規投稿画面の作成（本章06節）
- 投稿編集画面の作成（本章07節）
- 現時点でのアプリケーション構成
  ここまでのアプリケーション構成は、図6.12のようになります。

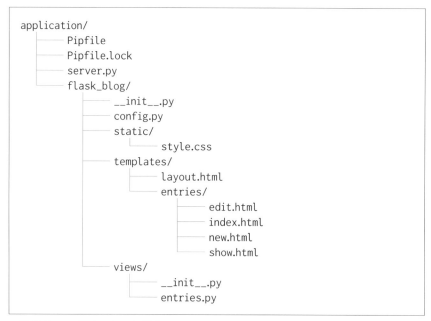

```
application/
    ├── Pipfile
    ├── Pipfile.lock
    ├── server.py
    └── flask_blog/
            ├── __init__.py
            ├── config.py
            ├── static/
            │       └── style.css
            ├── templates/
            │       ├── layout.html
            │       └── entries/
            │               ├── edit.html
            │               ├── index.html
            │               ├── new.html
            │               └── show.html
            └── views/
                    ├── __init__.py
                    └── entries.py
```

▲図6.12：アプリケーション構成

Chapter7

モデルを作成する

ここまでで、アプリケーションの構成要素であるビューと
テンプレートを作成しました。

ただし、これまでに扱っているデータは仮の値でした。実
際にはデータベースを利用してデータの保存、取り出し、
編集などをできるようにする必要があります。

この章では、データベースを導入していくとともに、デー
タベースを取り扱うためのモデルを作成していきます。

ORMライブラリであるPynamoDBを導入する方法を
解説します。

ブログアプリケーションで必要なデータベースを設定し、使えるようにしま
す。

ブログアプリケーションでは記事の投稿、閲覧を行うのに、実際の記事デー
タを保存し、必要に応じてデータを取り出せるようにする必要があります。

実際のデータを保存しておく場所がデータベースで、データベースとの間で
効率よくデータを保存したり取り出すためのサービスがデータベースサービス
になります。今回はデータベースサービスとして、DynamoDBを扱います。

ただし、直接、DynamoDBを利用してデータベースの中身を扱おうとすると
複雑な操作が必要になってきます。

一方、モデルを定義すると、プログラムでは定義したモデルに対して簡単な
指示をするだけでデータベースを適切に操作してくれるので、簡単にデータ
ベースを扱うことができるようになります。これを、ORM（Object Relation
Mapping）と呼んでいます。

モデル（Object）とデータベース（Relation）を結びつける（Mapping）こと
で、データ操作を行いやすくするベストプラクティスになります。

このDynamoDBのORMを実現するライブラリとして、ここではPynamoDB
を使用します。以下のコマンドを実行して、PynamoDBをインストールしま
す。

`ターミナル` `コマンドプロンプト`

```
pipenv install pynamodb
```

02 # PynamoDBモデルを作成する

PynamoDB モデルの作成方法を解説します。

1. configを追加する

PynamoDBモデルを動かすにあたって、必要な設定を「flask_blog」フォルダのconfig.pyに追加します。

ファイル全体はリスト7.1のようになります。

▼リスト7.1：flask_blog/config.py

```
DEBUG = True
DYNAMODB_REGION = 'ap-northeast-1'
AWS_ACEESS_KEY_ID = 'AWS_ACEESS_KEY_ID'
AWS_SECRET_ACCESS_KEY = 'AWS_SECRET_ACCESS_KEY'
DYNAMODB_ENDPOINT_URL = 'http://localhost:8000'
```

具体的には、新しく以下を追加しています。

- DYNAMODB_REGION：DynamoDBを動かすためのリージョン名
- AWS_ACEESS_KEY_ID、AWS_SECRET_ACCESS_KEY：DynamoDBサービスにアクセスするためのAWSキー情報
- DYNAMODB_ENDPOINT_URL：ローカル環境でDynamoDBを動かすためのDynamoDBのホスト名

ここではDynamoDBを動かすリージョン名をap-northeast-1とし、ホスト名にhttp://localhost:8000を設定します。

　AWSキー情報は、ローカルアクセスの段階では不要なのでダミーの値を設定しておきます。

2. モデルを作成する

　ここで、「flask_blog」フォルダ以下に「models」という名前のフォルダを作成します。そして、このフォルダ内に、__init__.pyという空のファイルを作成します。これによって、「models」フォルダ以下のファイルをインポートすることが可能になります。

　さらに、同じフォルダ内にentries.pyというファイルを作成します。こちらがモデルファイルとなります。

　entries.pyの中身はリスト7.2のようになります。

▼リスト7.2：flask_blog/models/entries.py

```
from datetime import datetime
from pynamodb.models import Model
from pynamodb.attributes import UnicodeAttribute, NumberAttribute, ⏎
UTCDateTimeAttribute
from flask_blog import app

class Entry(Model):
    class Meta:
        table_name = "serverless_blog_entries"
        region = app.config.get('DYNAMODB_REGION')
        aws_access_key_id = app.config.get('AWS_ACEESS_KEY_ID')
        aws_secret_access_key = app.config.get('AWS_SECRET_ACCESS_KEY')
        host = app.config.get('DYNAMODB_ENDPOINT_URL')
    id = NumberAttribute(hash_key=True, null=False)
    title = UnicodeAttribute(null=True)
    text = UnicodeAttribute(null=True)
    created_at = UTCDateTimeAttribute(default=datetime.now)
```

　具体的に解説します。

1. ライブラリのインポート

リスト7.2の最初の4行は、必要なライブラリをインポートしています。

```
from datetime import datetime
from pynamodb.models import Model
from pynamodb.attributes import UnicodeAttribute, NumberAttribute,
UTCDateTimeAttribute
from flask_blog import app
```

PynamoDB関連のライブラリのインポートに加えて、モデル作成時点の時刻をセットできるようにしたいため、datetimeライブラリもインポートしています。

2. モデルの定義

次に、実際のモデルを定義します。モデルについては、以下のフォーマットで作成します。

```
class [モデルの名前](Model):
    class Meta:
        table_name = "[テーブル名]"
        region = '[AWSリージョン名]'
        aws_access_key_id = '[DynamoDBにアクセスするためのAWS_ACEESS_
KEY_ID]'
        aws_secret_access_key = '[DynamoDBにアクセスするためのAWS_
SECRET_ACCESS_KEY]'
        host = "[DynamoDB localのホスト名]"
    [属性名] = [PynamoDBのAttribute名](hash_key=True, default=
[デフォルト値])
```

リスト7.2にあるように、ここではモデル名をEntryとします。class Metaの中には、以下をセットします。

- DynamoDBで作成するテーブル名
- DynamoDBを動かすためのリージョン名

- DynamoDBサービスにアクセスするためのAWSキー情報
- ローカル環境でDynamoDBを動かすためのDynamoDBのホスト名

ここではテーブル名を serverless_blog_entries としています。残りは、先ほどconfigにて設定した値を取り出して設定しています。

3. 属性の定義

次に、実際の属性について定義します。ここでは、以下のように設定しています。

```
id = NumberAttribute(hash_key=True, null=False)
title = UnicodeAttribute(null=True)
text = UnicodeAttribute(null=True)
created_at = UTCDateTimeAttribute(default=datetime.now)
```

属性名と、PynamoDBにおける属性のタイプを指定します。()の中はパラメータ設定になります。

PynamoDBにおける属性のタイプは表7.1のようなものがあります。

▼表7.1：PynamoDBにおける属性のタイプ

属性	属性の説明
NumberAttribute	数値
UnicodeAttribute	文字列
UTCDateTimeAttribute	UTCベースのDatetime

パラメータ設定は表7.2のようなものがあります。

▼表7.2：パラメータ設定

パラメータ	パラメータの説明
hash_key	キーとなるハッシュキー。モデルのうち1つはこの要素が必ず必要
default	属性の値を指定しなかったときに、デフォルトで設定される値
null	null値を許可するか。Falseの場合、モデル作成時に必ずなにかしらの値をセットしなければいけない

P 03 ビューでモデルを操作する

ビューでモデルを操作する方法を解説します。

　モデルを作成したので、これまで仮の値を設定していたビューを更新し、モデルを利用して実際のデータを扱えるように変更します。

　flask_blog/views/entries.py をリスト7.3のようにアップデートします。

▼リスト7.3：flask_blog/views/entries.py

```
from flask import request, redirect, url_for, render_template, flash, 
session
from flask_blog import app
from flask_blog.models.entries import Entry
from datetime import datetime


@app.route('/')
def show_entries():
    entries = Entry.scan()
    entries = sorted(entries, key=lambda x: x.id, reverse=True)
    return render_template('entries/index.html', entries=entries)


@app.route('/entries', methods=['POST'])
def add_entry():
    entry = Entry(
        id=int(datetime.now().timestamp()),
        title=request.form['title'],
        text=request.form['text']
    )
    entry.save()
    return redirect(url_for('show_entries'))
```

```
@app.route('/entries/new', methods=['GET'])
def new_entry():
    return render_template('entries/new.html')


@app.route('/entries/<int:id>', methods=['GET'])
def show_entry(id):
    entry = Entry.get(id)
    return render_template('entries/show.html', entry=entry)


@app.route('/entries/<int:id>/edit', methods=['GET'])
def edit_entry(id):
    entry = Entry.get(id)
    return render_template('entries/edit.html', entry=entry)


@app.route('/entries/<int:id>/update', methods=['POST'])
def update_entry(id):
    entry = Entry.get(id)
    entry.title = request.form['title']
    entry.text = request.form['text']
    entry.save()
    return redirect(url_for('show_entries'))


@app.route('/entries/<int:id>/delete', methods=['POST'])
def delete_entry(id):
    entry = Entry.get(id)
    entry.delete()
    return redirect(url_for('show_entries'))
```

それでは、1つ1つのビューについて説明します。

1. show_entries

記事の一覧を表示します。

```
@app.route('/')
def show_entries():
    entries = Entry.scan()
    entries = sorted(entries, key=lambda x: x.id, reverse=True)
    return render_template('entries/index.html', entries=entries)
```

PyanamoDBではEntry.scan()と書くことで、全ての記事を取得できます。

次に、取得した記事一覧を、idの値の降順、つまりタイムスタンプが新しい順でソートしています。

最後に、render_templateと書くことで、指定したhtmlファイルを返すことができます。

このとき引数にentries=entriesと記載することで、Entry.scan()で取得した全ての記事をhtmlファイル内でentriesという名前で参照することができます。

2. add_entry

記事の新規登録フォームから送信された内容を、記事としてデータベースに登録します。

```
@app.route('/entries', methods=['POST'])
def add_entry():
    entry = Entry(
        id=int(datetime.now().timestamp()),
        title=request.form['title'],
        text=request.form['text']
    )
    entry.save()
    return redirect(url_for('show_entries'))
```

データの登録にはPOSTメソッドを利用するのが一般的なので、methods=['POST']と指定します。

次に、PynamoDBにて新規にモデルをデータベースに登録する際には、以下のように記載します。

```
entry = Entry([属性名1]=[データ1]...)
entry.save()
```

ここでは、titleとtextそれぞれに対し、フォームから入力されたタイトル
と内容をセットし、保存しています。また、idには現在のタイムスタンプの値
を設定しています。

最後に、登録後は記事一覧画面に遷移させたいので、リダイレクトしていま
す。以下のように書くことで、指定のURLにリダイレクトすることができます。

```
redirect(url_for('[リダイレクトしたいURLのメソッド名]'))
```

3. new_entry
記事の新規投稿フォームを表示します。

```
@app.route('/entries/new', methods=['GET'])
def new_entry():
    return render_template('entries/new.html')
```

新規投稿フォームのhtmlファイル、'entries/new.html'を返します。

4. show_entry
記事の詳細を表示します。

```
@app.route('/entries/<int:id>', methods=['GET'])
def show_entry(id):
    entry = Entry.get(id)
    return render_template('entries/show.html', entry=entry)
```

PynamoDBでは、以下のようにhash_keyに指定していたidを指定することで、そのidの記事を取得することができます。

```
entry = Entry.get(id)
```

　取得した記事と一緒に、記事詳細を表示するテンプレート entries/show.html を返します。

5. edit_entry
　記事編集フォームを表示します。

```
@app.route('/entries/<int:id>/edit', methods=['GET'])
def edit_entry(id):
    entry = Entry.get(id)
    return render_template('entries/edit.html', entry=entry)
```

　show_entryと同様、idを指定して該当の記事を取得しています。その後、記事編集フォームのhtmlファイルentries/edit.htmlを返します。

6. update_entry
　編集フォームに入力された内容で、記事を更新します。

```
@app.route('/entries/<int:id>/update', methods=['POST'])
def update_entry(id):
    entry = Entry.get(id)
    entry.title = request.form['title']
    entry.text = request.form['text']
    entry.save()
    return redirect(url_for('show_entries'))
```

　記事を取得後、以下のように属性名を指定して直接代入することで値を更新することが可能です。

```
entry.title = request.form['title']
```

最後に、entry.save()とし、編集した記事を保存します。

7. delete_entry
記事を削除します。

```
@app.route('/entries/<int:id>/delete', methods=['POST'])
def delete_entry(id):
    entry = Entry.get(id)
    entry.delete()
    return redirect(url_for('show_entries'))
```

PynamoDBでは指定の記事を取得後、entry.delete()とすることでデータを削除することが可能です。

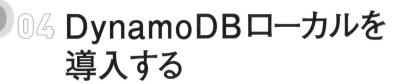

P04 DynamoDBローカルを導入する

DynamoDBローカルを導入する方法を解説します。

　DynamoDBをローカル環境でテストするために、ローカルバージョンのDynamoDBローカルを利用することができます。

　DynamoDBローカルを使うことで、本番のDynamoDBサービスを利用せずにローカル環境で同等の動作をシミュレーションすることができます。

　DynamoDBローカルを以下のサイトからダウンロードします。

- コンピュータ上でDynamoDBをローカルでデプロイする
  URL https://docs.aws.amazon.com/ja_jp/amazondynamodb/latest/developerguide/DynamoDBLocal.DownloadingAndRunning.html

　ダウンロードリンクは東京リージョンでも、それ以外のものでも構いません。

　「dynamodb_local_latest」というフォルダを作り、その中でdynamodb_local_latest.zipを解凍します（解凍したらZIPファイルは削除してください）。「application」フォルダ以下に、「dynamodb_local_latest」フォルダを移動します。

　DynamoDBローカルを利用するためには、Java Runtime Environment（JRE）バージョン 8.x 以降のバージョンが必要になります。Javaをインストールしていない場合は以下のサイトから最新版（本書ではJava 15）をインストールします。

- Java SE Downloads
  URL https://www.oracle.com/java/technologies/javase-downloads.html

具体的には、まず「JDK Downloads」をクリックします（図7.1）。

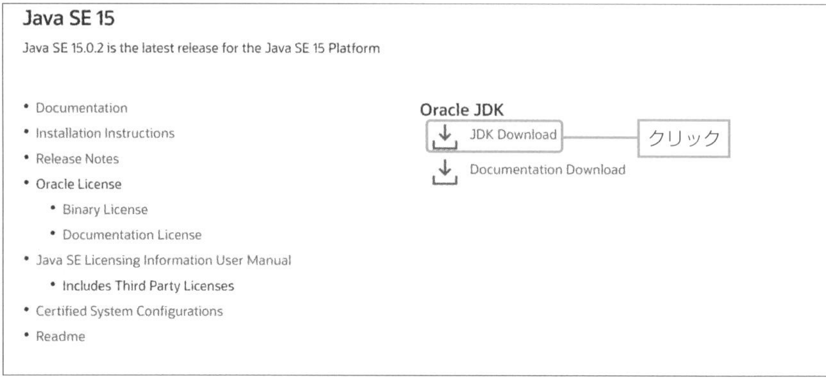

Java SE 15

Java SE 15.0.2 is the latest release for the Java SE 15 Platform

- Documentation
- Installation Instructions
- Release Notes
- Oracle License
  - Binary License
  - Documentation License
- Java SE Licensing Information User Manual
  - Includes Third Party Licenses
- Certified System Configurations
- Readme

Oracle JDK

↓ JDK Download ——— クリック

↓ Documentation Download

▲図7.1：「JDK Download」をクリック

macOSであればmacOS Installer、WindowsであればWindows x64 Installer
をクリックして（図7.2）、ダウンロードし、インストーラーを起動してインス
トールします（詳細な手順は割愛します）。

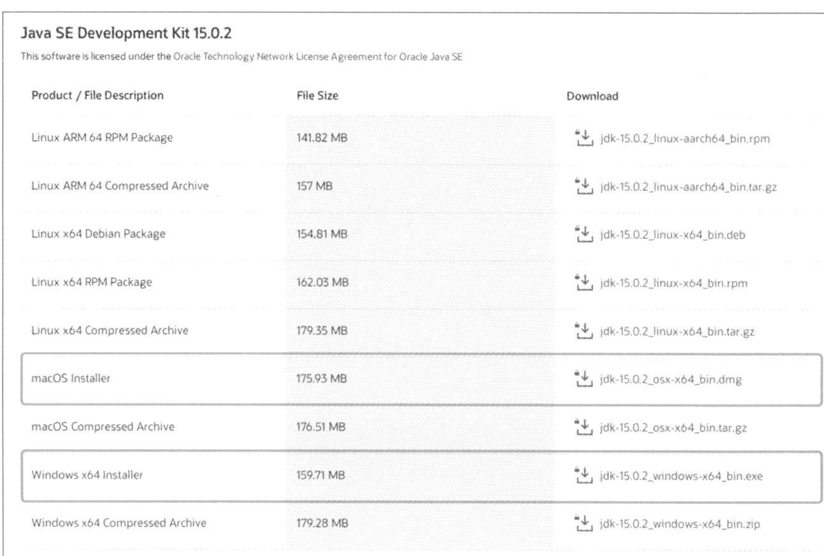

Java SE Development Kit 15.0.2

This software is licensed under the Oracle Technology Network License Agreement for Oracle Java SE

Product / File Description	File Size	Download
Linux ARM 64 RPM Package	141.82 MB	↓ jdk-15.0.2_linux-aarch64_bin.rpm
Linux ARM 64 Compressed Archive	157 MB	↓ jdk-15.0.2_linux-aarch64_bin.tar.gz
Linux x64 Debian Package	154.81 MB	↓ jdk-15.0.2_linux-x64_bin.deb
Linux x64 RPM Package	162.03 MB	↓ jdk-15.0.2_linux-x64_bin.rpm
Linux x64 Compressed Archive	179.35 MB	↓ jdk-15.0.2_linux-x64_bin.tar.gz
macOS Installer	175.93 MB	↓ jdk-15.0.2_osx-x64_bin.dmg
macOS Compressed Archive	176.51 MB	↓ jdk-15.0.2_osx-x64_bin.tar.gz
Windows x64 Installer	159.71 MB	↓ jdk-15.0.2_windows-x64_bin.exe
Windows x64 Compressed Archive	179.28 MB	↓ jdk-15.0.2_windows-x64_bin.zip

▲図7.2：インストーラーをクリック

インストールが完了したら、以下のコマンドでJavaバージョンを確認します。Javaがインストールされたことを認識させるために、新しくターミナル（コマンドプロンプト）を立ち上げ直してからコマンドを入力してください。Java 8以降のバージョンが表示されれば、無事インストールは完了です。

ターミナル コマンドプロンプト

```
java -version
java version "15.0.2" 2021-01-19
Java(TM) SE Runtime Environment (build 15.0.2+7-27)
Java HotSpot(TM) 64-Bit Server VM (build 15.0.2+7-27, mixed mode,
sharing)
```

　それでは、DynamoDBローカルを立ち上げます。以後はDynamoDBローカルとFlaskアプリケーションをそれぞれ別に立ち上げておく必要があるため、新しくターミナル（コマンドプロンプト）を起動します。

　新しいターミナル（コマンドプロンプト）が立ち上がったら、作成した「dynamodb_local_latest」フォルダに移動して、以下のコマンドを実行します[1]。

ターミナル コマンドプロンプト

```
java "-Djava.library.path=./DynamoDBLocal_lib" -jar DynamoDBLocal.
jar -sharedDb
```

　以下の通りターミナル（コマンドプロンプト）に表示されたら、正しく起動しています。

ターミナル コマンドプロンプト

```
Initializing DynamoDB Local with the following configuration:
Port:   8000
InMemory:   false
DbPath:   null
SharedDb:   true
shouldDelayTransientStatuses:   false
CorsParams:   *
```

　以後、Flaskアプリケーションの起動にあたっては、このDynamoDBローカルを前もって起動したままにしておきます。

※1　Windowsの場合、ファイアウォールに関する警告が出る場合があります。その場合は「許可する」をクリックしてください。

P 05 スクリプトを作成する

スクリプトファイルの作成方法を解説します。

最後に、PynamoDBモデルで定義した内容をテーブルとして作成し、データベースに反映させる必要があります。

テーブルの作成は、モデルを定義した後に1度だけ行う必要があります。ここではスクリプトというファイルを作成して実行する方法で行います。

1. Flask-Scriptをインストールする

スクリプトを管理・実行するのに便利な、Flask-Scriptというライブラリをインストールします。

「application」フォルダ以下に移動し、以下のコマンドを実行します。

ターミナル コマンドプロンプト

```
pipenv install Flask-Script
```

2. スクリプトファイルを作成する

実際にスクリプトファイルを作成します。

「flask_blog」フォルダ以下に「scripts」というフォルダを作成し、その中にdb.pyというファイルを作成します（リスト7.4）。

```
from flask_script import Command
from flask_blog.models.entries import Entry

class InitÐB(Command):
    "create database"

    def run(self):
        if not Entry.exists():
            Entry.create_table(read_capacity_units=5, ⏎
write_capacity_units=2)
```

　PynamoDBでは、exists()メソッドでそのテーブルが存在しているかどうか
を判定することができます。ここでは、テーブルが存在していないときのみ
テーブルを作成するようにしています。

　テーブルの作成コマンドは、以下になります。

▼[テーブルの作成コマンド]

```
[モデル名].create_table(
    read_capacity_units=[読み込みキャパシティ数],
    write_capacity_units=[書き込みキャパシティ数])
```

　リスト7.4にあるように、ここでは、読み込みキャパシティ5、書き込みキャ
パシティ2としてテーブルを作成しています。キャパシティ数は、テーブル作
成後も変更することができます。

3. manage.py ファイルを作成する

　最後に、コマンドラインでスクリプトが実行できるよう、「application」
フォルダ以下にmanage.pyファイルを作成します（リスト7.5）。

▼リスト7.5：manage.py

```
from flask_script import Manager
from flask_blog import app
from flask_blog.scripts.db import InitDB


if __name__ == "__main__":
    manager = Manager(app)
    manager.add_command('init_db', InitDB())
    manager.run()
```

　これにより、以下のコマンドでテーブルを作成することが可能になります。このコマンドを実行して、Entryテーブルを実際に作成しておきます。

`ターミナル` `コマンドプロンプト`

```
python manage.py init_db
```

　前述の通り、以後はDynamoDBローカルが立ち上がったままでいる必要がありますので、もし動作しない場合は立ち上がっているか確認してみてください。

P06 ローカルでのアプリケーションの動作を確認する

> ローカルでアプリケーションの動きを確認する方法を解説します。

　ここまででアプリケーションは一通り完成しましたので、まずはローカルで確認してみます。

ターミナル コマンドプロンプト

```
python server.py
 * Running on http://127.0.0.1:5000/ (Press CTRL+C to quit)
 * Restarting with stat
 * Debugger is active!
 * Debugger PIN: 167-157-088
```

　トップページ（http://127.0.0.1:5000/）にアクセスすると、「投稿がありません」という表示（図7.3❶）と「新規投稿」のメニューが表示されます※2。「新規投稿」をクリックします❷。

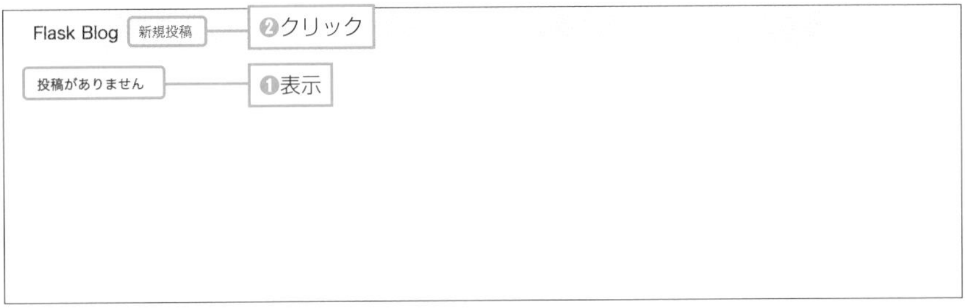

▲図7.3：トップページ

※2　ブラウザの幅が狭いとハンバーガーメニューで隠れる場合あります。

すると新規投稿画面が表示されます（図7.4）。

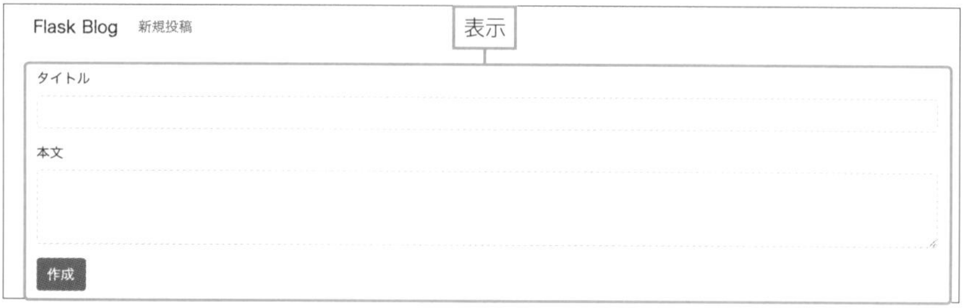

```
Flask Blog   新規投稿                              表示

タイトル

本文

作成
```

▲図7.4：新規投稿画面

タイトル（図7.5❶）と本文の内容❷を入力して「作成」ボタンをクリックします❸。

```
Flask Blog   新規投稿

タイトル
  はじめてのブログ投稿           ━━━━ ❶入力

本文
  はじめてのブログ投稿の本文      ━━━━ ❷入力

作成                            ━━━━ ❸クリック
```

▲図7.5：タイトルと本文を入力して「作成」ボタンをクリック

すると記事が作成され、記事一覧画面が表示されます（図7.6❶）。「続きを読む」リンクをクリックします❷。

```
Flask Blog   新規投稿

はじめてのブログ投稿        ━━━━ ❶表示
続きを読む

                          ━━━━ ❷クリック
```

▲図7.6：記事一覧画面の表示

記事詳細画面が表示されます（図7.7❶）。「編集」ボタンをクリックします❷。

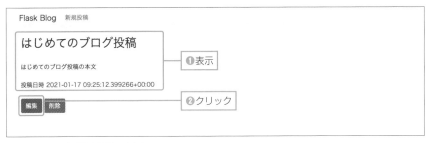

▲図7.7：記事詳細画面の表示

すると記事編集画面が表示されます（図7.8）。記事を編集して❶、「更新」ボタンをクリックします❷。

▲図7.8：記事編集画面

すると記事一覧画面が表示されます（図7.9❶）。編集内容が反映されていることが確認できます。「続きを読む」をクリックします❷。

▲図7.9：更新内容が反映された記事一覧画面の表示

すると記事詳細画面に遷移します（図7.10❶）。「削除」ボタンをクリックします❷。

▲図7.10：記事詳細画面の表示

すると「投稿がありません」と表示され、記事が削除されたことを確認できます（図7.11）。

▲図7.11：記事の削除の確認

07 まとめ

本章で学んだことをまとめます。

- PynamoDBの導入（本章01節）
- PynamoDBモデルの作成（本章02節）
- ビューにおけるモデルの操作（本章03節）
- DynamoDBローカルの導入（本章04節）
- スクリプトの作成（本章05節）
- ローカルにおけるアプリケーションの動作確認（本章06節）

- 現時点でのアプリケーション構成

  ここまでのアプリケーション構成は、図7.12のようになります。

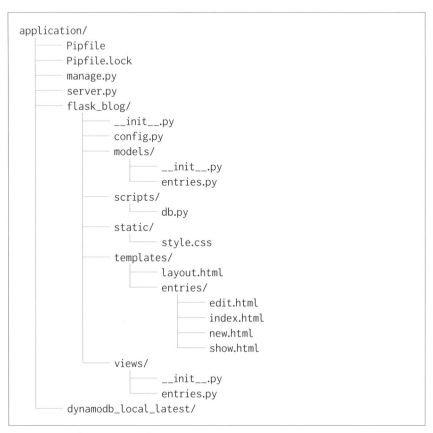

▲図7.12：アプリケーション構成

Chapter8

ログイン機能を
導入する

ここまでで、ブログに関して投稿・閲覧・編集・削除がで
きる一通りの機能を作りました。
ただし、ブログアプリケーションでは、誰もがブログを投
稿・編集・削除できたら困ってしまいます。そこで、ユー
ザIDとパスワードを知っている人だけがアクセスできるよ
う、ユーザ認証の機能を追加します。

P01 ログインライブラリを導入する

ログインライブラリの導入方法を解説します。

ログイン機能を作成します。

ここでは、flask_loginというライブラリを使用します。flask_loginライブラリを使うことで、簡単にログイン・ログアウト処理を実装することができます。

まずflask_loginライブラリをインストールします。

`ターミナル` `コマンドプロンプト`

```
pipenv install flask-login
```

次節からログインビューの作成を行っていきます。

P02 ログインビューを作成する

ログインビューを作成する方法を解説します。

ビューとしては、ログインとログアウトの機能が必要になります。

「views」フォルダの中に、views.pyというファイルを作成し、ログインとログアウトのビューを実装します。

ファイル全体はリスト8.1のようになります。

▼リスト8.1：flask_blog/views/views.py

```python
from flask import request, redirect, url_for, render_template, flash, ⏎
session
from flask_blog import app
from flask_login import login_user, logout_user
from flask_blog.models.users import User


@app.route('/login', methods=['GET', 'POST'])
def login():
    if request.method == 'POST':
        if request.form['username'] != app.config['USERNAME']:
            flash('ユーザー名が異なります')
        elif request.form['password'] != app.config['PASSWORD']:
            flash('パスワードが異なります')
        else:
            login_user(User(request.form['username']))
            flash('ログインしました')
            return redirect(url_for('show_entries'))
    return render_template('login.html')


@app.route('/logout')
def logout():
```

```
    logout_user()
    flash('ログアウトしました')
    return redirect(url_for('login'))


@app.errorhandler(404)
def non_existant_route(error):
    return redirect(url_for('login'))
```

具体的に解説します。

1. 必要なライブラリのインポート

最初に、flask_loginライブラリから、必要なライブラリをインポートします。
その他のライブラリは、他のビューと同様です。

```
from flask_login import login_user, logout_user
```

2. ログインビューの実装

次に、ログインビューを実装します。

```
@app.route('/login', methods=['GET', 'POST'])
def login():
    if request.method == 'POST':
        if request.form['username'] != app.config['USERNAME']:
            flash('ユーザー名が異なります')
        elif request.form['password'] != app.config['PASSWORD']:
            flash('パスワードが異なります')
        else:
            login_user(User(request.form['username']))
            flash('ログインしました')
            return redirect(url_for('show_entries'))
    return render_template('login.html')
```

このビューでは、GETリクエストとPOSTリクエストの両方を受け付けています。

ログインフォームの表示はGETリクエスト、ログインフォームの送信はPOSTリクエストになります。

以下のようにif文で、POSTリクエストの場合の処理を記載し、POSTリクエストでなければ、「何もせず」ログインフォームを返すようにしています。これによって、リクエストの種類によって処理を分けることができます。

```
if request.method == 'POST':
    POSTリクエストの場合の処理
return render_template('login.html')
```

「POSTリクエストの場合の処理」では、後述するconfigファイルに定義したユーザ名とパスワードと一致しているかチェックしています。

request.form['username']と書くことでリクエストフォームで送信されたusername属性の値を、app.config['USERNAME']と書くことでconfigファイルに設定されたUSERNAME属性の値を参照できます。

チェックを行い、ユーザ名とパスワードが一致していた場合、ログイン処理を行います。

flask_loginでは、以下を実行することでログインセッションを付与することが可能になります。

```
login_user(User(request.form['username']))
```

以後、ログインセッションの有無でログインしているかどうかを判別できます。

3. ログアウトビューの実装

ログアウトは、以下のように実装しています。

```
@app.route('/logout')
def logout():
    logout_user()
    flash('ログアウトしました')
    return redirect(url_for('login'))
```

logout_user()とすることで、ログインセッションが破棄されます。

4. エラーハンドリングの実装

最後に、存在しないURLにアクセスしたときにログインページへリダイレクトするよう、以下を追加しています。

```
@app.errorhandler(404)
def non_existant_route(error):
    return redirect(url_for('login'))
```

存在しないURLにアクセスしたときは404エラーが発生しますので、その際に呼び出される処理になります。このとき、今回はログインページにリダイレクトさせています。

ログイン認証後だけ
既存のビューに
アクセスできるようにする

ログイン後だけ既存のビューにアクセスできるように
アップデートする方法を解説します。

　既存の記事の投稿や閲覧も、ログインして認証済のユーザのみに提供するようにします。

　views/entries.pyを更新します。ファイル全体はリスト8.2のようになります。

▼リスト8.2：flask_blog/views/entries.py

```python
from flask import request, redirect, url_for, render_template, flash, ⏎
session
from flask_blog import app
from flask_blog.models.entries import Entry
from flask_login import login_required
from datetime import datetime


@app.route('/')
@login_required
def show_entries():
    entries = Entry.scan()
    entries = sorted(entries, key=lambda x: x.id, reverse=True)
    return render_template('entries/index.html', entries=entries)


@app.route('/entries', methods=['POST'])
@login_required
def add_entry():
```

```
    entry = Entry(
        id=int(datetime.now().timestamp()),
        title=request.form['title'],
        text=request.form['text']
    )
    entry.save()
    return redirect(url_for('show_entries'))


@app.route('/entries/new', methods=['GET'])
@login_required
def new_entry():
    return render_template('entries/new.html')


@app.route('/entries/<int:id>', methods=['GET'])
@login_required
def show_entry(id):
    entry = Entry.get(id)
    return render_template('entries/show.html', entry=entry)


@app.route('/entries/<int:id>/edit', methods=['GET'])
@login_required
def edit_entry(id):
    entry = Entry.get(id)
    return render_template('entries/edit.html', entry=entry)


@app.route('/entries/<int:id>/update', methods=['POST'])
@login_required
def update_entry(id):
    entry = Entry.get(id)
    entry.title = request.form['title']
    entry.text = request.form['text']
    entry.save()
    return redirect(url_for('show_entries'))


@app.route('/entries/<int:id>/delete', methods=['POST'])
@login_required
def delete_entry(id):
    entry = Entry.get(id)
```

```
entry.delete()
return redirect(url_for('show_entries'))
```

最初に、以下のライブラリを追加しています。

```
from flask_login import login_required
```

このライブラリを使って、@app.routeへのすぐ後に以下の行を追加しており
ます。

```
@login_required
```

flask_loginライブラリでは、デコレータと呼ばれるこの行を追加するだけ
で、対象のビューをログインしたユーザのみに許可することができます。
　これによって、ログインしていなければこれらの処理が行えないように設定
することができました。

ログインフォームのテンプレートファイルを作成する

ログインフォームのテンプレートファイルを作成する方法を解説します。

次に、実際にユーザに表示するログインフォームのテンプレートファイルを作成します。

「templates」フォルダ以下に、login.html という名前でテンプレートファイルを作成します（リスト8.3）。

▼リスト8.3：flask_blog/templates/login.html

```
{% extends "layout.html" %} {% block body %}
<form action="{{ url_for('login') }}" method=post>
    <div class="form-group">
        <label for="InputTitle">ユーザー名</label>
        <input type="text" class="form-control" id="InputTitle" ↵
name=username>
    </div>

    <div class="form-group">
        <label for="InputPassword">パスワード</label>
        <input type="password" class="form-control" ↵
id="InputPassword" name=password>
    </div>

    <button type="submit" class="btn btn-primary">ログイン</button>
</form>
{% endblock %}
```

ユーザ名とパスワードを入力するフォームを作成し、先ほど作成したloginビューに送るようにしています。

次に、layout.htmlにログインリンクを追加します（リスト8.4）。

▼リスト8.4：flask_blog/templates/layout.html

```html
<!doctype html>
<title>Flask Blog</title>

<link rel="stylesheet" href="https://maxcdn.bootstrapcdn.com/↵
bootstrap/4.0.0/css/bootstrap.min.css">
<script src="https://code.jquery.com/jquery-3.2.1.slim.min.js"></script>
<script src="https://cdnjs.cloudflare.com/ajax/libs/popper.js/1.12.9/↵
umd/popper.min.js"></script>
<script src="https://maxcdn.bootstrapcdn.com/bootstrap/4.0.0/js/↵
bootstrap.min.js"></script>
<link href="https://fonts.googleapis.com/earlyaccess/mplus1p.css" ↵
rel="stylesheet" type="text/css">
<link rel=stylesheet href="{{ url_for('static', filename='style.css') ↵
}}">

<div class="container">
  <nav class="navbar navbar-expand-lg navbar-light bg-light">
    <a class="navbar-brand" href="{{ url_for('show_entries') }}">↵
Flask Blog</a>
    <button class="navbar-toggler" type="button" data-toggle=↵
"collapse" data-target="#navbarNav"
        aria-controls="navbarNav" aria-expanded="false" aria-label=↵
"Toggle navigation">
      <span class="navbar-toggler-icon"></span>
    </button>

    <div class="collapse navbar-collapse" id="navbarNav">
      <ul class="nav navbar-nav navbar-right">
        {% if not current_user.is_authenticated %}
        <li class="nav-item">
          <a class="nav-link" href="{{ url_for('login') }}">↵
ログイン</a>
        </li>
        {% else %}
        <li class="nav-item">
          <a class="nav-link" href="{{ url_for('new_entry') }}">↵
新規投稿</a>
        </li>
        <li class="nav-item">
```

```
                <a class="nav-link" href="{{ url_for('logout') }}">⏎
ログアウト</a>
            </li>
            {% endif %}
        </ul>
    </div>
</nav>

<div class="blog-body">
    {% block body %}{% endblock %}
</div>

</div>
```

　以下のように書くことで、ログインしている場合と、ログインしていない場合の表示を分けることができます。

```
{% if not current_user.is_authenticated %}
ログインしてないときの表示
{% else %}
ログインしたときの表示
{% endif %}
```

　リスト8.4では、ログインしていなければ「ログイン」リンクを表示し、ログインしていれば「新規投稿」リンクを表示させています。

P 05 ユーザモデルを作成する

ユーザモデルを作成する方法を解説します。

次に、ユーザモデルを作成します。

「models」フォルダ以下に、users.py という名前でモデルファイルを作成します（リスト8.5）。

▼リスト8.5：flask_blog/models/users.py

```
from flask_login import UserMixin

class User(UserMixin):
    def __init__(self, user_id):
        self.id = user_id
```

リスト8.5では、flask_loginライブラリで用意されているUserMixinと呼ばれるモデルを継承して利用します。

UserMixinモデルを継承することで、flask_loginに対応したモデルを簡単に作成することができます。リスト8.5では、最低限インスタンスの作成、つまり実際のユーザが作成されるときの初期化関数である__init__()メソッドのみ実装しています。

リスト8.5ではUserMixinを利用しましたが、複数のユーザが存在しDynamo DBで管理したい場合、PynamoDBなどUserMixin以外のモデルを使用することも可能です。

その場合は以下のメソッドを実装する必要があります。

- is_authenticated()
- is_active()

127

- is_anonymous()
- get_id()

詳しくは、以下のサイトを参照してください。

- Flask-Login
  URL https://flask-login.readthedocs.io/en/latest/

ユーザローダを実装する方法を解説します。

　先ほど、ログインセッションの有無でログインしているかどうか判断する、と解説いたしました。

　アプリケーションがログインセッションを受け取ったとき、セッションに含まれるユーザIDからユーザ情報を取得してチェックする必要があります。これを**ユーザローダ**と呼びます。

　flask_loginライブラリを動作させるには、@login_manager.user_loaderユーザローダを実装する必要があります。

　ビュー、テンプレート、モデルにも該当しない機能ですので、それとは分ける意味で「flask_blog」フォルダ以下に「lib」フォルダを作成します。

　「lib」フォルダ以下に、空の内容で__init__.pyファイルを作成します。これによって、「lib」フォルダ以下のファイルをインポートすることが可能になります。その上で、「lib」フォルダ以下にutils.pyというファイルを作成します。（リスト8.6）

▼リスト8.6：flask_blog/lib/utils.py

```python
from flask_blog.models.users import User


def setup_auth(login_manager):
    @login_manager.user_loader
    def load_user(user_id):
        return User(user_id)
```

　user_loaderでは、セッションに保存されているuser_idを元にユーザインスタンスを取得するため、この処理を実装しています。

P07 configファイルを設定する

configファイルを設定する方法を解説します。

次にconfigファイルを設定します。

config.pyファイルに設定情報を追加します。ファイル全体はリスト8.7のようになります。

▼リスト8.7：flask_blog/config.py

```
DEBUG = True
DYNAMODB_REGION = 'ap-northeast-1'
AWS_ACEESS_KEY_ID = 'AWS_ACEESS_KEY_ID'
AWS_SECRET_ACCESS_KEY = 'AWS_SECRET_ACCESS_KEY'
DYNAMODB_ENDPOINT_URL = 'http://localhost:8000'
SECRET_KEY = 'secret key'
USERNAME = 'john'
PASSWORD = 'due123'
```

以下を追記しています。

- SECRET_KEY：セッションを扱うためのシークレットキー
- USERNAME：ログインユーザ名
- PASSWORD：ログインパスワード

P08 アプリケーションファイルに ログイン処理を追加する

アプリケーションファイルにログイン処理を追加する方法を解説します。

　最後に、flask_loginではアプリケーションファイルにてLoginManager()を作成する必要があります。

　flask_blog/__init__.pyファイルを更新します。ファイル全体はリスト8.8のようになります。

▼リスト8.8：flask_blog/__init__.py

```
from flask import Flask
from flask_login import LoginManager

app = Flask(__name__)
app.config.from_object('flask_blog.config')

login_manager = LoginManager()
login_manager.init_app(app)

from flask_blog.lib.utils import setup_auth
setup_auth(login_manager)

from flask_blog.views import views, entries
login_manager.login_view = "login"
login_manager.login_message = "ログインしてください"
```

　具体的に解説します。

1. LoginManagerライブラリのインポート

最初に、LoginManager ライブラリをインポートしています。

```
from flask_login import LoginManager
```

2. login_managerの作成

login_managerを作成しアプリケーションと紐付けることで、全ての箇所で
ログインマネージャー、つまりログイン機能が有効になります。

```
login_manager = LoginManager()
login_manager.init_app(app)
```

3. setup_auth関数の読み込み

本章06節で作成した、ユーザローダを実装したsetup_auth関数を読み込み
ます。

```
from flask_blog.lib.utils import setup_auth
setup_auth(login_manager)
```

4. ログインビューviews.pyをインポート

追加でログインビューviews.py をインポートします。

```
from flask_blog.views import views, entries
```

5. login_managerのオプション設定

login_managerのオプション設定を追加します。

```
login_manager.login_view = "login"
login_manager.login_message = "ログインしてください"
```

ログインしていない場合は、login_viewを指定することで指定のビューにリダイレクトするようにします。ここでは、loginビューにリダイレクトするよう設定します。

　また、ログインしていないときのflashメッセージをlogin_messageで指定します。ここでは、「ログインしてください」とメッセージを出すようにしています。

P 09 flashを導入する

flashを導入する方法を解説します。

　前節でログイン機能を導入したことで、flashと呼ばれる機能も使えるようになっています。これは、各操作の後にユーザメッセージを表示する機能です。

1. flashを導入する

　すでに先ほど作成したログイン、ログアウトビューには導入しましたが、entries.pyにも導入します。entries.py全体としてはリスト8.9のようになります。

▼リスト8.9：flask_blog/views/entries.py

```
from flask import request, redirect, url_for, render_template, flash, 
session
from flask_blog import app
from flask_blog.models.entries import Entry
from flask_login import login_required
from datetime import datetime


@app.route('/')
@login_required
def show_entries():
    entries = Entry.scan()
    entries = sorted(entries, key=lambda x: x.id, reverse=True)
    return render_template('entries/index.html', entries=entries)


@app.route('/entries', methods=['POST'])
@login_required
def add_entry():
    entry = Entry(
        id=int(datetime.now().timestamp()),
        title=request.form['title'],
        text=request.form['text']
```

```
        )
        entry.save()
        flash('新しく記事が作成されました')
        return redirect(url_for('show_entries'))


@app.route('/entries/new', methods=['GET'])
@login_required
def new_entry():
    return render_template('entries/new.html')


@app.route('/entries/<int:id>', methods=['GET'])
@login_required
def show_entry(id):
    entry = Entry.get(id)
    return render_template('entries/show.html', entry=entry)


@app.route('/entries/<int:id>/edit', methods=['GET'])
@login_required
def edit_entry(id):
    entry = Entry.get(id)
    return render_template('entries/edit.html', entry=entry)


@app.route('/entries/<int:id>/update', methods=['POST'])
@login_required
def update_entry(id):
    entry = Entry.get(id)
    entry.title = request.form['title']
    entry.text = request.form['text']
    entry.save()
    flash('記事が更新されました')
    return redirect(url_for('show_entries'))


@app.route('/entries/<int:id>/delete', methods=['POST'])
@login_required
def delete_entry(id):
    entry = Entry.get(id)
    entry.delete()
    flash('投稿が削除されました')
    return redirect(url_for('show_entries'))
```

具体的には、以下のタイミングでメッセージを表示させています。

1. 新規投稿時（add_entryビュー）

新規投稿時（add_entryビュー）にメッセージを表示させます。

```
flash('新しく記事が作成されました')
```

2. 記事更新時（update_entryビュー）

記事更新時（update_entryビュー）にメッセージを表示させます。

```
flash('記事が更新されました')
```

3. 記事削除時（delete_entryビュー）

記事削除時（delete_entryビュー）にメッセージを表示させます。

```
flash('投稿が削除されました')
```

2. layout.htmlをアップデートする

最後に、flashメッセージを表示させるためにlayout.htmlをアップデートします。

layout.html全体はリスト8.10のようになります。

▼リスト8.10：flask_blog/templates/layout.html

```html
<!doctype html>
<title>Flask Blog</title>

<link rel="stylesheet" href="https://maxcdn.bootstrapcdn.com/
bootstrap/4.0.0/css/bootstrap.min.css">
<script src="https://code.jquery.com/jquery-3.2.1.slim.min.js"></script>
<script src="https://cdnjs.cloudflare.com/ajax/libs/popper.js/1.12.9/
umd/popper.min.js"></script>
<script src="https://maxcdn.bootstrapcdn.com/bootstrap/4.0.0/js/
bootstrap.min.js"></script>
<link href="https://fonts.googleapis.com/earlyaccess/mplus1p.css"
rel="stylesheet" type="text/css">
<link rel=stylesheet href="{{ url_for('static', filename='style.css')
}}">

<div class="container">
    <nav class="navbar navbar-expand-lg navbar-light bg-light">
      <a class="navbar-brand" href="{{ url_for('show_entries') }}">
Flask Blog</a>
      <button class="navbar-toggler" type="button" data-toggle=
"collapse" data-target="#navbarNav"
        aria-controls="navbarNav" aria-expanded="false" aria-label=
"Toggle navigation">
        <span class="navbar-toggler-icon"></span>
      </button>

      <div class="collapse navbar-collapse" id="navbarNav">
        <ul class="nav navbar-nav navbar-right">
          {% if not current_user.is_authenticated %}
          <li class="nav-item">
            <a class="nav-link" href="{{ url_for('login') }}">
ログイン</a>
          </li>
          {% else %}
          <li class="nav-item">
            <a class="nav-link" href="{{ url_for('new_entry') }}">
新規投稿</a>
          </li>
          <li class="nav-item">
            <a class="nav-link" href="{{ url_for('logout') }}">ログ
アウト</a>
          </li>
```

```
            {% endif %}
        </ul>
    </div>
</nav>

{% for message in get_flashed_messages() %}
<div class="alert alert-info" role="alert">
    {{ message }}
</div>
{% endfor %}

<div class="blog-body">
    {% block body %}{% endblock %}
</div>
```
</div>

具体的には、以下を追加しています。

```
{% for message in get_flashed_messages() %}
<div class="alert alert-info" role="alert">
    {{ message }}
</div>
{% endfor %}
```

これによって、先ほどのflashメッセージが表示されるようになります。

P 10 アプリケーションの動作を確認する

アプリケーションの動作を確認する方法を解説します。

ここまでで、アプリケーションの一通りの機能が完成しました。
アプリケーションを立ち上げて確認してみます。

ターミナル　コマンドプロンプト

```
python server.py
 * Running on http://127.0.0.1:5000/ (Press CTRL+C to quit)
 * Restarting with stat
 * Debugger is active!
 * Debugger PIN: 167-157-088
```

http://127.0.0.1:5000/にアクセスすると、ログイン画面が表示されます（図
8.1）。ログイン画面で、flask_blog/config.pyで設定したユーザ名（ID）❶とパ
スワードを入力して❷、「ログイン」ボタンをクリックします❸。

Flask Blog　ログイン

ユーザ名 ────── ❶「john」と入力

パスワード ────── ❷「due123」と入力

ログイン ────── ❸クリック

▲図8.1：ログイン画面

すると「ログインしました」のメッセージが出てログインできます（図8.2❶）。

「新規投稿」が表示されるのでクリックします❷。

▲図8.2：「新規投稿」をクリック

　新規投稿画面が表示されます（図8.3）。タイトル❶と本文❷を入力して、「作成」ボタンをクリックします❸。

▲図8.3：新規投稿画面でタイトルと本文を入力して「作成」ボタンをクリック

　「新しく記事が作成されました」のメッセージとともに、記事一覧に表示されます（図8.4❶）。「続きを読む」をクリックします❷。

▲図8.4：記事一覧で「続きを読む」をクリック

記事詳細画面が表示されます（図8.5❶）。「編集」ボタンをクリックします❷。

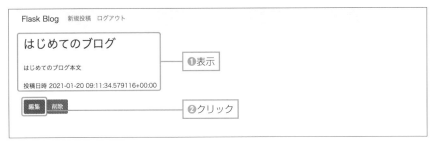

▲図8.5：記事詳細画面で「編集」ボタンをクリック

記事編集画面が表示されます。記事を編集して（図8.6❶）、「更新」ボタンをクリックします❷。

▲図8.6：記事を編集して「更新」ボタンをクリック

「記事が更新されました」というメッセージが表示され、編集した内容が反映されていることがわかります（図8.7❶）。「続きを読む」をクリックします❷。

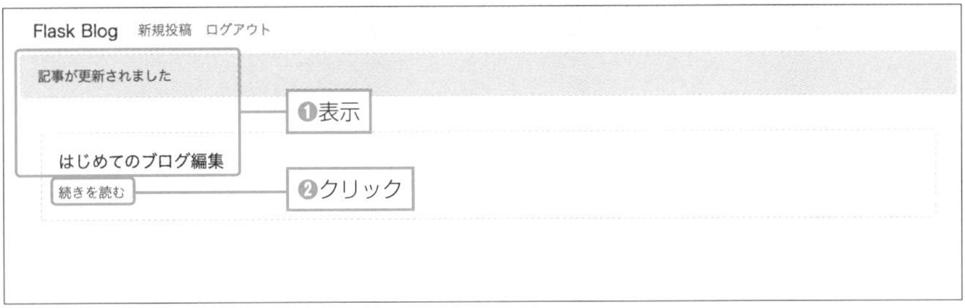

▲図8.7：「続きを読む」をクリック

記事詳細画面が表示されるので（図8.8①）、「削除」ボタンをクリックします②。

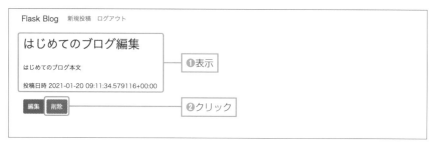

▲図8.8：記事詳細画面で「削除」ボタンをクリック

「記事が削除されました」というメッセージが表示され、記事が削除されたことがわかります（図8.9①）。「ログアウト」をクリックします②。

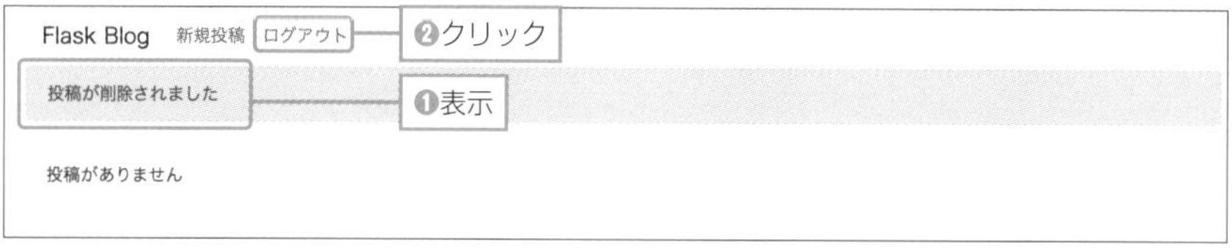

▲図8.9：「ログアウト」をクリック

「ログアウトしました」と表示され（図8.10①）、ログイン画面が再度表示されます②。

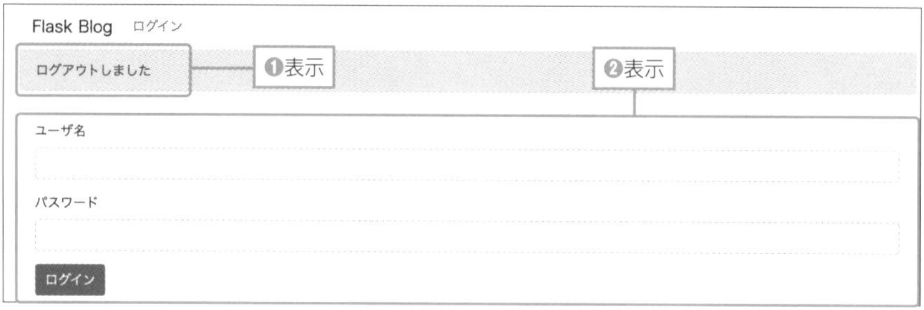

▲図8.10：ログイン画面が表示

これで、ここまで実装した一通りの機能が動作していることが確認できました。

P11 まとめ

本章で学んだことをまとめます。

- ログインライブラリの導入（本章01節）
- ログインビューの作成（本章02節）
- 既存のビューをログイン後だけアクセスできるようにアップデート（本章03節）
- ログインフォームのテンプレートファイルの作成（本章04節）
- ユーザモデルの作成（本章05節）
- ユーザローダの実装（本章06節）
- configファイルの設定（本章07節）
- アプリケーションファイルにログイン処理を追加（本章08節）
- flashの導入（本章09節）
- アプリケーションの動作を確認（本章10節）

- 現時点でのアプリケーション構成

  ここまでのアプリケーション構成は、図8.11のようになります。

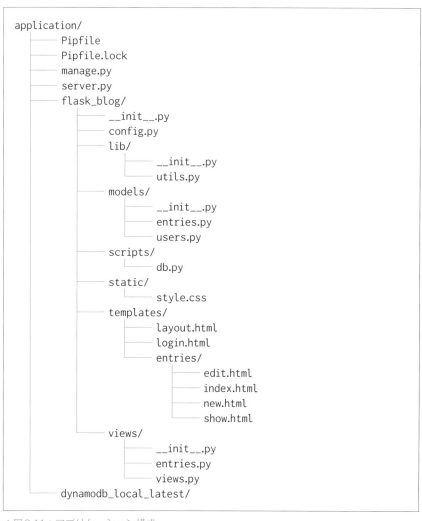

```
application/
        ├── Pipfile
        ├── Pipfile.lock
        ├── manage.py
        ├── server.py
        ├── flask_blog/
        │       ├── __init__.py
        │       ├── config.py
        │       ├── lib/
        │       │       ├── __init__.py
        │       │       └── utils.py
        │       ├── models/
        │       │       ├── __init__.py
        │       │       ├── entries.py
        │       │       └── users.py
        │       ├── scripts/
        │       │       └── db.py
        │       ├── static/
        │       │       └── style.css
        │       ├── templates/
        │       │       ├── layout.html
        │       │       ├── login.html
        │       │       └── entries/
        │       │               ├── edit.html
        │       │               ├── index.html
        │       │               ├── new.html
        │       │               └── show.html
        │       └── views/
        │               ├── __init__.py
        │               ├── entries.py
        │               └── views.py
        └── dynamodb_local_latest/
```

▲図8.11：アプリケーション構成

Chapter9

アプリケーションを
サーバレス環境に
デプロイする

ここまでで、ローカルで動作するブログアプリケーション
を一通り作成することができました。この章では、このブ
ログアプリケーションを、サーバレス環境にデプロイして
いきます。

P 01 セッションをデータベースに保存する

セッションをデータベースに保存する方法を解説します。

　これまでセッション情報はローカルに保存していましたが、サーバレス環境ではローカルサーバが存在しないため、データベースにセッション情報を保存するようにします。

　ここでは、セッションをDynamoDBに保存可能なライブラリであるFlask-Sessionstore（**URL** https://flask-sessionstore.readthedocs.io/en/latest/）を使用します。

　以下のコマンドで、Flask-Sessionstoreをインストールします。

`ターミナル` `コマンドプロンプト`

```
pipenv install flask-sessionstore
```

　Flask-SessionstoreではAWSリソースの操作を行います。そのためAWSリソースを扱うためのライブラリboto3も必要となるため、合わせてインストールします。

`ターミナル` `コマンドプロンプト`

```
pipenv install boto3
```

1. Configを追加する

　Flask-Sessionstoreを動作させるにあたって、必要なConfigを追加します。config.py全体はリスト9.1のようになります。

```
DEBUG = True
DYNAMODB_REGION = 'ap-northeast-1'
AWS_ACEESS_KEY_ID = 'AWS_ACEESS_KEY_ID'
AWS_SECRET_ACCESS_KEY = 'AWS_SECRET_ACCESS_KEY'
DYNAMODB_ENDPOINT_URL = 'http://localhost:8000'
SECRET_KEY = 'secret key'
USERNAME = 'john'
PASSWORD = 'due123'

SESSION_TYPE = 'dynamodb'
SESSION_DYNAMODB_TABLE = 'serverless_blog_sessions'
SESSION_DYNAMODB_REGION = DYNAMODB_REGION
SESSION_DYNAMODB_KEY_ID = AWS_ACEESS_KEY_ID
SESSION_DYNAMODB_SECRET = AWS_SECRET_ACCESS_KEY
SESSION_DYNAMODB_ENDPOINT_URL = DYNAMODB_ENDPOINT_URL
```

具体的には、以下を追加しております。

▼表9.1：追加するConfig

パラメータ	説明
SESSION_TYPE	セッションの保存形式。今回は dynamodb を設定
SESSION_DYNAMODB_TABLE	セッション保存用のテーブル名。今回は 'serverless_blog_sessions' をテーブル名として設定
SESSION_DYNAMODB_REGION	DynamoDB が動作するリージョン。DYNAMODB_REGION と同じのためこの値を参照
SESSION_DYNAMODB_KEY_ID	DynamoDB を動作させるための AWS_ACEESS_KEY_ID。AWS_ACEESS_KEY_ID と同じのためこの値を参照
SESSION_DYNAMODB_SECRET	DynamoDB を動作させるための AWS_SECRET_ACCESS_KEY。AWS_SECRET_ACCESS_KEY と同じのためこの値を参照
SESSION_DYNAMODB_ENDPOINT_URL	DynamoDB をローカルで動作させるときの DynamoDB のホスト名。DYNAMODB_ENDPOINT_URL と同じのためこの値を参照

2. モデルを追加する

セッション情報をデータベースに保存するため、対応するモデルを作成します。「models」フォルダ以下に、sessions.py をリスト9.2の内容で作成します。

▼リスト9.2：flask_blog/models/sessions.py

```
from datetime import datetime
from pynamodb.models import Model
from pynamodb.attributes import UnicodeAttribute, NumberAttribute, ⏎
UTCDateTimeAttribute
from flask_blog import app


class Session(Model):
    class Meta:
        table_name = "serverless_blog_sessions"
        region = app.config.get('DYNAMODB_REGION')
        aws_access_key_id = app.config.get('AWS_ACEESS_KEY_ID')
        aws_secret_access_key = app.config.get('AWS_SECRET_ACCESS_KEY')
        host = app.config.get('DYNAMODB_ENDPOINT_URL')
    SessionId = UnicodeAttribute(hash_key=True, null=False)
    Session = UnicodeAttribute(null=True)
```

具体的には、Flask-Sessionstore を動作させるために必要な以下のカラムを定義しています。

- SessionId：hash_key として sessionID を保存
- Session：実際のセッション情報を保存

3. スクリプトをアップデートする

テーブルを作成するため、scripts/db.py をリスト9.3のように更新します。

▼リスト9.3：flask_blog/scripts/db.py

```
from flask_script import Command
from flask_blog.models.entries import Entry
from flask_blog.models.sessions import Session
```

```
class InitDB(Command):
    "create database"

    def run(self):
        if not Entry.exists():
            Entry.create_table(read_capacity_units=5, ⏎
write_capacity_units=2)
        if not Session.exists():
            Session.create_table(read_capacity_units=5, ⏎
write_capacity_units=2)
```

Sessionテーブルがなければ、作成するようにしています。

4. アプリケーションファイルをアップデートする

最後にアプリケーションにFlask-Sessionstoreを紐付ける必要があるため、アプリケーションファイルを更新します。

flask_blog/__init__.pyファイル全体はリスト9.4のようになります。

▼リスト9.4：flask_blog/__init__.py

```
from flask import Flask
from flask_login import LoginManager
from flask_sessionstore import Session

app = Flask(__name__)
app.config.from_object('flask_blog.config')
Session(app)

login_manager = LoginManager()
login_manager.init_app(app)

from flask_blog.lib.utils import setup_auth
setup_auth(login_manager)

from flask_blog.views import views, entries
login_manager.login_view = "login"
login_manager.login_message = "ログインしてください"
```

具体的に説明します。

1. Sessionライブラリの導入

Sessionライブラリを導入しています。

```
from flask_sessionstore import Session
```

2. アプリケーションとの紐付け

以下の1行を追加することで、アプリケーションとの紐付けを行っています。

```
Session(app)
```

以上で完了です。

5. ローカルで動作確認をする

それでは、まずはローカルで動作確認してみます。

Sessionテーブルを作成します。SESSION_TYPEがdynamodbにしてあると
テーブル作成前にDynamoDBを参照してエラーとなってしまうため、config.
pyでリスト9.5の部分をコメントアウト（もしくは一度削除）します。

▼リスト9.5：flask_blog/config.py

```
(…略…)
# SESSION_TYPE = 'dynamodb'
(…略…)
```

以下のコマンドで、Sessionテーブルを作成します。

`ターミナル` `コマンドプロンプト`

```
python manage.py init_db
```

テーブルが作成できましたので、config.pyのコメントアウトを元に戻しておきます（リスト9.6）。

▼リスト9.6：config.py

```
(…略…)
SESSION_TYPE = 'dynamodb'
(…略…)
```

　以上でテーブルの作成は完了です。
　アプリケーションを立ち上げて、セッションがデータベースに保存されてもこれまでと変わらず動作することを確認してみてください。

P02 AWS IAMを作成する

AWS IAMの作成方法を解説します。

　本書の冒頭でご説明したように、今回サーバレス環境にデプロイするにあたってのクラウドサービスとして、AWSを使用します。

　サーバレスアプリケーションでは、AWSサービスとして主にAPI Gateway、AWS Lambda, DynamoDBなどを利用します。

　これらのAWSサービスを扱うためには、AWS Identity and Access Management（IAM）の設定が必要になります。AWS IAMを設定することにより、これらのサービスをプログラムから扱うことが可能になります。

　それでは、AWS IAMの設定を行っていきます。

　AWSマネジメントコンソール（**URL** https://console.aws.amazon.com/）にアクセスしてログインします。

　AWSアカウントを作成していない場合は、「新しいAWSアカウントの作成」からアカウントを作成してからログインしてください（手順は割愛します）。

　ログインしたら、IAMサービスを選択します。検索フォームに「iam」と入力すると（図9.1❶）、サービスに「IAM」と出てくるのでクリックします❷。

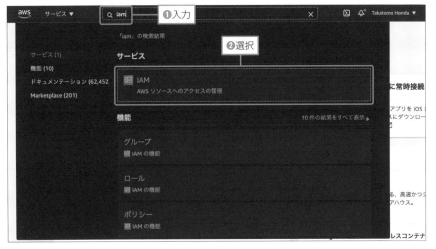

▲図9.1：「IAM」を選択

　「IAMサービス」のメニューから「ユーザー」（図9.2**①**）→「ユーザーを追加」をクリックします**②**。

▲図9.2：「ユーザーを追加」をクリック

「ユーザー詳細の設定」画面で、任意のユーザ名を入力後（図9.3❶）、プログラムからのアクセスなので、「プログラムによるアクセス」にチェックを入れ❷、「次のステップ：アクセス権限」をクリックし、次に進みます❸。

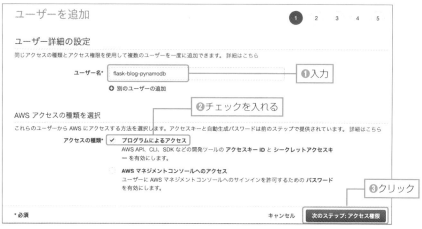

▲図9.3：「ユーザー詳細の設定」画面

「アクセス許可の設定」画面（図9.4）、で「既存のポリシーを直接アタッチ」を選択し❶、その後「dynamo」で検索して❷AmazonDynamoDBFullAccessポリシーにチェックを入れ❸、「次のステップ：タグ」をクリックし、次に進みます❹。

▲図9.4：「アクセス許可の設定」画面

「タグの追加（オプション）」画面になります。ここでは、タグは不要なので、そのまま「次のステップ：確認」をクリックし、次に進みます（図9.5）。

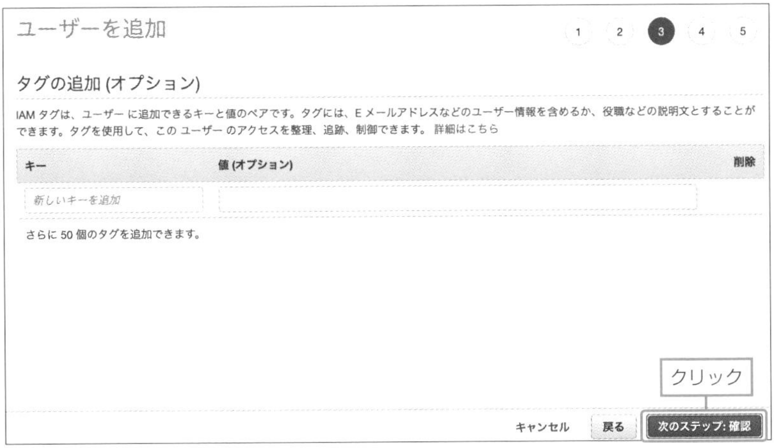

▲図9.5：「タグの追加（オプション）」画面

「確認」画面になります。「ユーザーの作成」をクリックします（図9.6）。

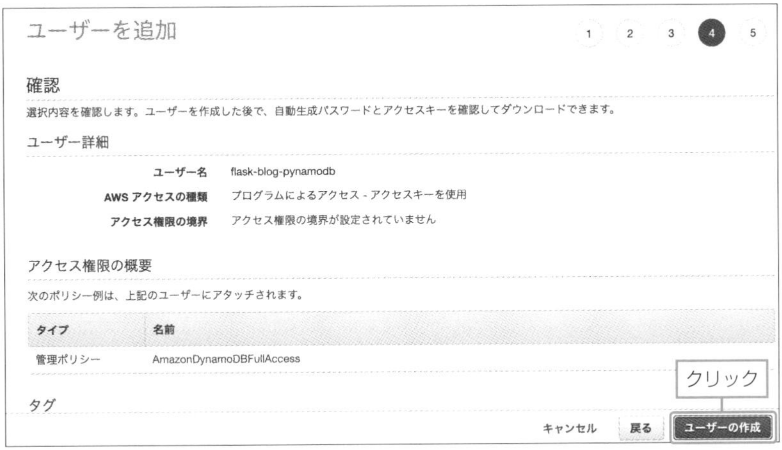

▲図9.6：「確認」画面

これでアクセスキーIDとシークレットアクセスキーが表示されるので（図 9.7）、こちらをメモしておきます。この情報を利用することで、本番の DynamoDBサービスにアクセス可能になります。

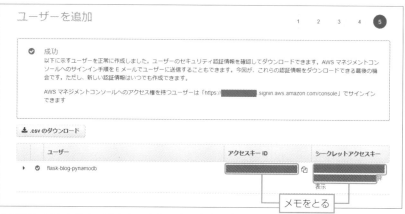

▲図9.7：アクセスキーIDとシークレットアクセスキー

P03 環境変数とConfigを利用して開発環境と本番環境を切り替える

開発環境と本番環境を切り替える方法を解説します。

　開発環境ではDynamoDBローカルは使いますが、本番環境では本番のDynamoDBサービスを利用するよう、環境によって自動で設定を切り替えられるようにします。

　ここでは環境変数によって、本番環境か開発環境かを判別するようにします。

1. 環境変数を設定する

macOSの場合

　~/.bashrcファイルを編集し、リスト9.7を追加します（zshを利用の場合は、.zshrcに置き換えてお読みください）。

▼リスト9.7：~/.bashrcファイル

```
export SERVERLESS_BLOG_CONFIG=production
export SERVERLESS_USER_PW=本番環境でのユーザログインパスワード
export SERVERLESS_SECRET_KEY=本番環境でのシークレットキー
export SERVERLESS_AWS_ACCESS_KEY_ID=アクセスキーID
export SERVERLESS_AWS_SECRET_KEY=シークレットアクセスキー
```

　本番環境として動くか確認するため、SERVERLESS_BLOG_CONFIGにproductionと設定します。

アクセスキーIDとシークレットアクセスキーは、前節のAWS IAMで発行されたものをセットします。

本番環境でのユーザログインパスワードには任意のパスワード、シークレットキーには十分長い値を設定してください。

編集が終わったら、設定した環境変数を読み込むため、以下のコマンドを実行します。

ターミナル

```
. ~/.bashrc
```

こちらで環境変数の設定は完了です。

Windowsの場合

「スタート」→「Windowsシステムツール」→「コントロールパネル」→「システムとセキュリティ」→「システム」 ・「システムの詳細設定」をクリックして「システムのプロパティ」画面を表示します。「環境変数」をクリックします（図9.8）。

▲図9.8：「システムのプロパティ」画面

「環境変数」画面の「システム環境変数」の「新規」をクリックします（図9.9）。

▲図9.9：「環境変数」画面

　「新しいシステム変数」画面（図9.10）が開くので変数名❶と変数値❷を設定して「OK」をクリックします❸。

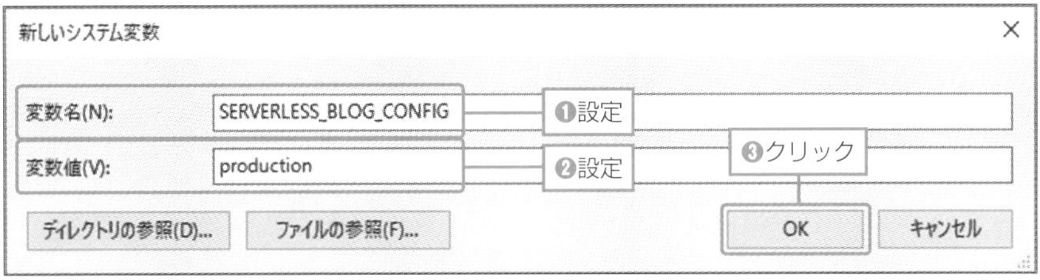

▲図9.10：「新しいシステム変数」画面

　最後に、環境変数を反映させるためにコマンドプロンプトを一度閉じて、再度新しく立ち上げてください。

　後の章でも別の環境変数を追加しますが、環境変数を反映するためにはコマ

ンドプロンプトを新しく立ち上げ直すことが必要なことを覚えておいてください。

　以後、説明はbashrcのほうで説明を進めますが、Windowsをお使いの場合はこの設定に読み替えてください。

2. 開発環境用と本番環境用のConfigを作成する

それでは、開発環境用と本番環境用のConfigをそれぞれ作成します。config.pyをリスト9.8のようにアップデートします。

▼リスト9.8：flask_blog/config.py

```python
import os


class DevelopmentConfig(object):
    DEBUG = True
    DYNAMODB_REGION = 'ap-northeast-1'
    AWS_ACEESS_KEY_ID = 'AWS_ACEESS_KEY_ID'
    AWS_SECRET_ACCESS_KEY = 'AWS_SECRET_ACCESS_KEY'
    DYNAMODB_ENDPOINT_URL = 'http://localhost:8000'
    SECRET_KEY = 'secret key'
    USERNAME = 'john'
    PASSWORD = 'due123'

    SESSION_TYPE = 'dynamodb'
    SESSION_DYNAMODB_TABLE = 'serverless_blog_sessions'
    SESSION_DYNAMODB_REGION = DYNAMODB_REGION
    SESSION_DYNAMODB_KEY_ID = AWS_ACEESS_KEY_ID
    SESSION_DYNAMODB_SECRET = AWS_SECRET_ACCESS_KEY
    SESSION_DYNAMODB_ENDPOINT_URL = DYNAMODB_ENDPOINT_URL


class ProductionConfig(object):
    DEBUG = False
    DYNAMODB_REGION = 'ap-northeast-1'
    AWS_ACEESS_KEY_ID = os.environ.get('SERVERLESS_AWS_ACCESS_KEY_ID')
    AWS_SECRET_ACCESS_KEY = os.environ.get('SERVERLESS_AWS_SECRET_KEY')
    DYNAMODB_ENDPOINT_URL = None
    SECRET_KEY = os.environ.get('SERVERLESS_SECRET_KEY')
    USERNAME = 'john'
    PASSWORD = os.environ.get('SERVERLESS_USER_PW')
```

```
SESSION_TYPE = 'dynamodb'
SESSION_DYNAMODB_TABLE = 'serverless_blog_sessions'
SESSION_DYNAMODB_REGION = DYNAMODB_REGION
SESSION_DYNAMODB_KEY_ID = AWS_ACEESS_KEY_ID
SESSION_DYNAMODB_SECRET = AWS_SECRET_ACCESS_KEY
SESSION_DYNAMODB_ENDPOINT_URL = DYNAMODB_ENDPOINT_URL
```

　ローカルな開発用のconfigと、本番用のconfigを分けたいので、それぞれクラスを作成しています。

　本番環境では、AWSのキー情報、シークレットキーとログインパスワードはコード上ではなく環境変数で設定するようにしています。os.environ.get([環境変数名])とすることで、指定した環境変数の値を読み込むことができます。

3. アプリケーションにて環境変数を切り替えられるようにする

　次に、読み込む環境変数を切り替えられるよう、アプリケーションファイルをアップデートします。

　flask_blog/__init__.py全体はリスト9.9のようになります。

▼リスト9.9：flask_blog/__init__.py

```
from flask import Flask
from flask_login import LoginManager
from flask_sessionstore import Session
import os

config = {
    'default': 'flask_blog.config.DevelopmentConfig',
    'development': 'flask_blog.config.DevelopmentConfig',
    'production': 'flask_blog.config.ProductionConfig'
}

app = Flask(__name__)
config_name = os.getenv('SERVERLESS_BLOG_CONFIG', 'default')
app.config.from_object(config[config_name])
Session(app)

login_manager = LoginManager()
login_manager.init_app(app)
```

```
from flask_blog.lib.utils import setup_auth
setup_auth(login_manager)

from flask_blog.views import views, entries
login_manager.login_view = "login"
login_manager.login_message = "ログインしてください"
```

具体的に解説します。

1. config情報の定義
config情報を定義します。

```
config = {
    'default': 'flask_blog.config.DevelopmentConfig',
    'development': 'flask_blog.config.DevelopmentConfig',
    'production': 'flask_blog.config.ProductionConfig'
}
```

どのconfig情報を使うかは、環境変数SERVERLESS_BLOG_CONFIGを定義して、この値によって以下のように選択するようにしています。

- 環境変数を設定していない。もしくはdefault：DevelopmentConfig
- development：DevelopmentConfig
- production：ProductionConfig

2. configファイルの読み込み
configファイルを読み込みます。

```
config_name = os.getenv('SERVERLESS_BLOG_CONFIG', 'default')
app.config.from_object(config[config_name])
```

環境変数として設定したSERVERLESS_BLOG_CONFIGを読み込みます。この値によって1)のいずれにあたるかを選択します。こちらで、環境変数にSERVERLESS_

BLOG_CONFIG=productionと設定されていればProductionConfigが読み込まれ、本番のDynamoDBサービスにアクセスされるようになりました。

4. ベースConfigを作成する

先ほどのConfigでも動作はするのですが、開発用のConfigと本番用のConfigで重複する設定内容が複数ありました。

冗長なままでもよいのですが、共通の値はベースConfigを作成することで、異なる設定のみをそれぞれのConfigに記載するだけでよくなります。

config.py全体はリスト9.10のようになります。

▼リスト9.10：flask_blog/config.py

```python
import os

class Config(object):
    DYNAMODB_REGION = 'ap-northeast-1'
    SESSION_TYPE = 'dynamodb'
    SESSION_DYNAMODB_TABLE = 'serverless_blog_sessions'
    SESSION_DYNAMODB_REGION = DYNAMODB_REGION
    USERNAME = 'john'


class DevelopmentConfig(Config):
    DEBUG = True
    AWS_ACEESS_KEY_ID = 'AWS_ACEESS_KEY_ID'
    AWS_SECRET_ACCESS_KEY = 'AWS_SECRET_ACCESS_KEY'
    DYNAMODB_ENDPOINT_URL = 'http://localhost:8000'
    SECRET_KEY = 'secret key'
    PASSWORD = 'due123'

    SESSION_DYNAMODB_KEY_ID = AWS_ACEESS_KEY_ID
    SESSION_DYNAMODB_SECRET = AWS_SECRET_ACCESS_KEY
    SESSION_DYNAMODB_ENDPOINT_URL = DYNAMODB_ENDPOINT_URL


class ProductionConfig(Config):
    DEBUG = False
    AWS_ACEESS_KEY_ID = os.environ.get('SERVERLESS_AWS_ACCESS_KEY_ID')
    AWS_SECRET_ACCESS_KEY = os.environ.get('SERVERLESS_AWS_SECRET_KEY')
    DYNAMODB_ENDPOINT_URL = None
    SECRET_KEY = os.environ.get('SERVERLESS_SECRET_KEY')
    PASSWORD = os.environ.get('SERVERLESS_USER_PW')
```

```
SESSION_DYNAMODB_KEY_ID = AWS_ACEESS_KEY_ID
SESSION_DYNAMODB_SECRET = AWS_SECRET_ACCESS_KEY
SESSION_DYNAMODB_ENDPOINT_URL = DYNAMODB_ENDPOINT_URL
```

　最初に共通となるConfigクラスを作成し、こちらに共通の値を定義します。

　開発用と本番用のConfigはConfigクラスを継承することで、共通の値を引き継ぎつつ、各環境に固有な値のみ定義するだけでよくなりました。

04 サーバレスライブラリ zappaを導入する

サーバレスライブラリzappaの導入方法について解説
します。

これまで作成したアプリケーションを、サーバレスアプリケーションとして
デプロイするためのライブラリを導入します。ここでは、zappaと呼ばれるラ
イブラリを使います。

zappaはAWS Lambda、API GatewayなどのAWSサービスを利用して、
Pythonアプリケーションをサーバレスにデプロイするためのライブラリです。
これにより、自動スケーリング、ゼロダウンタイム、ゼロメンテナンスで、利
用しただけのコストしかかからないサーバレスアプリケーションを構築するこ
とが可能です。

以下のコマンドで、zappaをインストールします。

`ターミナル` `コマンドプロンプト`

```
pipenv install zappa
```

1. zappa用のAWS IAMを作成する

次に、zappa用のAWS IAMを作成します。

1. カスタムポリシーを作成する

最初に、zappa用のカスタムポリシーを作成します。

カスタムポリシーを使用せず既存のポリシーAdministratorAccessを設定し
てもよいですが、可能な限りアクセス権限を最小限に絞るべきですので、次の
ようにカスタムポリシーを作成することを推奨します。

AWSマネジメントコンソールにログインし、「IAMサービス」のメニューから「ポリシー」（図9.11❶）→「ポリシーの作成」をクリックします❷。

▲図9.11：「ポリシーの作成」をクリック

「JSON」タブを選択し、リスト9.11の内容を入力後（図9.12❶）、「次のステップ：タグ」をクリックします❷。タグの入力は不要なので、「次のステップ：確認」をクリックします❸。[myaccountid]の箇所は、AWSマネジメントコンソールのプロフィールをクリックして表示される「マイアカウント」のIDに置き換えてください。

▼リスト9.11：JSON

```
{
    "Version": "2012-10-17",
    "Statement": [
        {
            "Effect": "Allow",
            "Action": [
                "iam:AttachRolePolicy",
                "iam:GetRole",
                "iam:CreateRole",
                "iam:PutRolePolicy",
                "apigateway:*",
                "cloudformation:*",
                "events:*",
                "lambda:*",
                "logs:*"
            ],
            "Resource": "*"
        },
```

```
       {
           "Effect": "Allow",
           "Action": "iam:PassRole",
           "Resource": "arn:aws:iam::[myaccountid]:role/*-ZappaLambda⏎
       ExecutionRole"
       },
```

「マイアカウント」のIDに置き換える

```
       {
           "Effect": "Allow",
           "Action": "s3:*",
           "Resource": "arn:aws:s3:::zappa-*"
       }
    ]
}
```

ポリシーの作成

① ② ③

ポリシーにより、ユーザー、グループ、またはロールに割り当てることができる AWS アクセス権限が定義されます。ビジュアルエディタで JSON を
使用してポリシーを作成または編集できます。詳細はこちら

ビジュアルエディタ　JSON　　　　　　　　　　　　　　　　　　　　　　　　管理ポリシーのインポート

```
 1  {
 2      "Version": "2012-10-17",
 3      "Statement": [
 4          {
 5              "Effect": "Allow",
 6              "Action": [
 7                  "iam:AttachRolePolicy",
 8                  "iam:GetRole",
 9                  "iam:CreateRole",
10                  "iam:PutRolePolicy",
11                  "apigateway:*",
12                  "cloudformation:*",
13                  "events:*",
14                  "lambda:*",
15                  "logs:*"
16              ],
17              "Resource": "*"
18          },
19          {
20              "Effect": "Allow",
21              "Action": "iam:PassRole",
22              "Resource": "arn:aws:iam::            :role/*-ZappaLambdaExecutionRole"
23          },
24          {
25              "Effect": "Allow",
26              "Action": "s3:*",
27              "Resource": "arn:aws:s3:::zappa-*"
28          }
29      ]
30  }
```

🛡 セキュリティ 0　⊗ エラー：0　⚠ 警告：0　💡 提案：0

文字数: 405 / 6,144.　　　　　　　　　　　　　　　　　① 入力　　キャンセル　 **ポリシーの確認**

② クリック

▲図9.12：「ポリシーの作成」画面でJSONを設定

　任意のポリシー名を入力後（図9.13❶）、「ポリシーの作成」をクリックして
ポリシーを作成します❷※1。

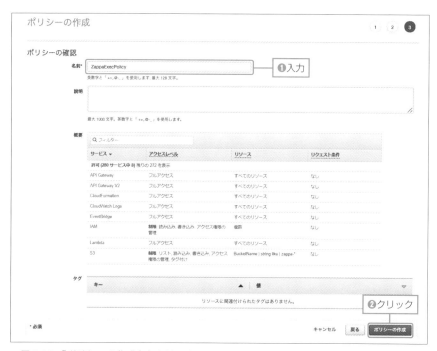

▲図9.13：「ポリシーの作成」をクリック

※1　ここで設定したポリシーは設定しやすいよう少し広めに、かつここで使用するサービスに限定し
　　て設定しています。より細かくポリシーを設定したい場合は、zappaの公式サイト（URL https:
　　//github.com/zappa/Zappa/blob/master/example/policy/deploy.json）を参考にしてください。

2. IAMユーザーを作成する

　次に、「IAMサービス」のメニューから「ユーザー」（図9.14❶）→「ユーザーを追加」をクリックして❷、IAMユーザーを作成します。

▲図9.14：「ユーザーを作成」をクリック

　「ユーザー詳細の設定」画面で（図9.15）、任意のユーザー名を入力して❶、「プログラムによるアクセス」にチェックを入れ❷、「次のステップ：アクセス権限」をクリックして、次に進みます❸。

▲図9.15：「ユーザー詳細の設定」画面

「アクセス許可の設定」画面で（図9.16）、「既存のポリシーを直接アタッチ」を選択して❶、その後「zappa」で検索して❷、先ほど作成したポリシーにチェックを入れ❸、「次のステップ：確認」をクリックして、次に進みます❹。

▲図9.16：「アクセス許可の設定」画面

「タグの追加（オプション）」画面になります。ここでは、タグは不要なので、そのまま「次のステップ：確認」をクリックし、次に進みます（図9.17）。

▲図9.17：「タグの追加（オプション）」画面

「確認」画面でAWSアクセスの種類に「プログラムによるアクセス」が、管理ポリシーに先ほど作成したポリシーが選択されていることを確認します。

確認できたら「ユーザーの作成」をクリックし、IAMユーザーを作成します（図9.18）。

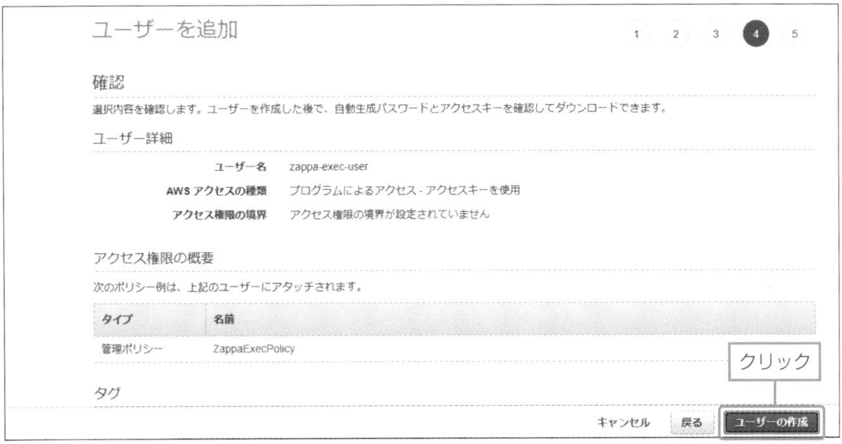

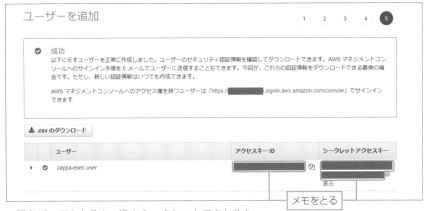

▲図9.18：「確認」画面

ユーザー作成後、アクセスキーIDとシークレットアクセスキーが表示されるので（図9.19）、こちらをメモしておきます。

▲図9.19：アクセスキーIDとシークレットアクセスキー

2. AWS プロファイルを設定する

zappaはAWSを利用して動作するので、AWSの認証情報を設定しておきます。macOS／Windowsそれぞれの環境に応じて、新規で表9.2のファイルを作成します。

▼表9.2：作成するファイル

環境	ファイル名
macOS	~/.aws/credentials
Windows	C:¥Users¥<yourUserName>¥.aws¥credentials

ファイルを作成したら、リスト9.12の内容を記載します。

▼リスト9.12：~/.aws/credentials

```
[serverless-blog]
aws_access_key_id = zappa用のアクセスキーID
aws_secret_access_key = zappa用のシークレットアクセスキー
region = ap-northeast-1
```

先ほど作成したzappa用のAWSアクセスキーIDとシークレットアクセスキーを設定します。

デフォルトのリージョンとして、ここではap-northeast-1を設定しています。

認証情報の設定方法につきましては、公式の「認証情報の共有ファイルの作成（ URL https://docs.aws.amazon.com/ja_jp/ses/latest/DeveloperGuide/create-shared-credentials-file.html）も参照してみてください。

3. zappaのconfigファイルを作成する

次に、zappa用のconfigファイルを作成します。以下のコマンドを入力します。

ターミナル コマンドプロンプト

```
zappa init
```

対話形式で、configファイルを作成します。

1. デプロイ環境の名前を付ける

デプロイ環境の名前を付けます。そのままでよければ［Return］（［Enter］）キーを押します。

ターミナル コマンドプロンプト

```
What do you want to call this environment (default 'dev'):
```

2. AWSプロファイルを選択する

どのAWSプロファイルを使用するか選択します。先ほど作成した、serverless-blogを入力します。

ターミナル コマンドプロンプト

```
We found the following profiles: default, private, and ⏎
serverless-blog. Which would you like us to use? (default 'default'):⏎
serverless-blog
```

3. S3バケットの名前を指定する

アプリケーションをデプロイする際に一時的に使用するS3バケットを作成するため、その名前を指定します。ランダムに作成された名前で問題なければそのまま［Return］（［Enter］）キーを押します。

ターミナル コマンドプロンプト

```
What do you want to call your bucket? (default 'zappa-xxxxxxxxx'):
```
ランダムな英数字が入る

4. アプリケーションの起動ファイルを選択する

アプリケーションの起動ファイルをxxxx.appの形式で選択します。server.pyが起動ファイルなので「server.app」と入力します。

ターミナル コマンドプロンプト

```
Where is your app's function?:server.app
```


5. API Gatewayのアクセスの最適化の設定をする

　API Gatewayのアクセスについて、グローバルに最適化すると、リージョンごとのアクセスが最適化されます。そこまでのパフォーマンスが必要なければそのまま［Return］（［Enter]）キーを押します。

```
Would you like to deploy this application globally? (default 'n') ⏎
[y/n/(p)rimary]:
```

6. configファイルのプレビュー表示を確認する

　zappaのconfigファイルが最終的に作成される前に、その内容がプレビュー表示されますので、正しいか確認します。問題なければそのまま［Return］（［Enter]）キーを押します。

```
{
    "dev": {
        "app_function": "server.app",
        "aws_region": "ap-northeast-1",
        "profile_name": "serverless-blog",
        "project_name": "application",
        "runtime": "python3.8",
        "s3_bucket": "zappa-xxxxxxxxx"
    }
}
```
zappa initにより作成されたs3バケット名

```
Does this look okay? (default 'y') [y/n]:
```

　これで、「zappa_settings.json」という名前でconfigファイルが作成されます。

　configファイルの設定のうちproject_nameとruntimeだけは自動で生成されていますので解説します。

- project_name：AWS上ので表示名。デフォルトでは現在のディレクトリ名がセットされます。
- runtime：AWS Lambdaが利用するPythonバージョン。デフォルトでは現在動作しているPythonバージョンがセットされます。

7. zappa configで環境変数を設定する

zappa_settings.json内に環境変数を設定することができます。リスト9.13のように編集し~/.bashrcに設定していた環境変数を設定します。

▼リスト9.13：zappa_settings.json

```
{
    "dev": {
        "app_function": "server.app",
        "aws_region": "ap-northeast-1",
        "profile_name": "serverless-blog",
        "project_name": "application",
        "runtime": "python3.8",
        "s3_bucket": "zappa-xxxxxxxxx",          zappa initにより作成されたs3バケット名
        "environment_variables": {
            "SERVERLESS_BLOG_CONFIG": "production",
            "SERVERLESS_USER_PW": "本番環境でのユーザログインパスワード",
            "SERVERLESS_SECRET_KEY": "本番環境でのシークレットキー",
            "SERVERLESS_AWS_ACCESS_KEY_ID": "DynamoDB用に作成したアクセス⏎
キーID",
            "SERVERLESS_AWS_SECRET_KEY" : "DynamoDB用に作成したシークレット⏎
キー"
        }
    }
}
```

具体的には、以下を追加しています。

```
    "environment_variables": {
       "SERVERLESS_BLOG_CONFIG": "production",
       "SERVERLESS_USER_PW": "本番環境でのユーザログインパスワード",
       "SERVERLESS_SECRET_KEY": "本番環境でのシークレットキー",
       "SERVERLESS_AWS_ACCESS_KEY_ID": "DynamoDB用に作成したアクセス⏎
キーID",
       "SERVERLESS_AWS_SECRET_KEY" : "DynamoDB用に作成したシークレット⏎
キー"
    }
```

　これで、サーバレスにデプロイされたときも、AWS Lambda上にこちらの環
境変数がセットされ、利用できるようになりました。

P05 本番用テーブルを作成する

> サーバレスアプリケーションのデプロイする前に、本番
> 用テーブルを作成します。

　サーバレスアプリケーションのデプロイの前に、本番DynamoDBサービス
のテーブルを作成しておきます。

　すでに本番環境用のconfigファイルを読み込むように環境変数を設定してお
りますので、ローカルでテーブルを作成した方法と同様に、configのSESSION_
TYPEをコメントアウトします（リスト9.14）。

▼リスト9.14：flask_blog/config.py

```
(…略…)
#SESSION_TYPE = 'dynamodb'
(…略…)
```

　以下のコマンドを実行して、本番DynamoDBサービスに接続できるかの確
認も含め、テーブルを作成します。

ターミナル　コマンドプロンプト

```
python manage.py init_db
```

　最後に、config.pyのコメントアウトを戻しておきます（リスト9.15）。

▼リスト9.15：flask_blog/config.py

```
(…略…)
SESSION_TYPE = 'dynamodb'
(…略…)
```

　以上で本番DynamoDBサービスのテーブル作成は完了です。

P 06 サーバレスアプリケーション をデプロイする

サーバレスアプリケーションをデプロイする方法を解説します。

それでは、サーバレスアプリケーションをデプロイします。
デプロイには以下のコマンドを入力します。

ターミナル コマンドプロンプト

```
zappa deploy dev
Calling deploy for stage dev..
Creating app-dev-ZappaLambdaExecutionRole IAM Role..
Creating zappa-permissions policy on app-dev-ZappaLambdaExecution
Role IAM Role.
Downloading and installing dependencies..
(…略…)
Deployment complete!: https://85435smzaf.execute-api.ap-northeast-1.
amazonaws.com/dev
```

最後にデプロイされたURLが表示されるので、アクセスしてみます。
ログイン画面が表示されます（図9.20）。ユーザ名❶とパスワード❷を入力して、「ログイン」ボタンをクリックします❸。

▲図9.20：ログイン画面

すると記事一覧画面が表示されます（図9.21❶）。「新規投稿」をクリックします❷。

▲図9.21：記事一覧画面で「新規投稿」をクリック

すると新規投稿画面が表示されるので（図9.22）、新しい投稿を作成して❶❷、「作成」ボタンをクリックします❸。

▲図9.22：新規投稿画面で新しい投稿を作成

投稿した記事が作成され、記事一覧画面に表示されます（図9.23❶）。「続きを読む」をクリックします❷。

▲図9.23：記事一覧画面で「続きを読む」をクリック

すると、記事詳細画面が表示されます（図9.24❶）。「編集」ボタンをクリックします❷。

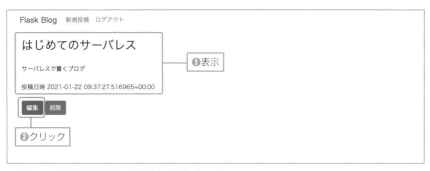

▲図9.24：記事詳細画面で「編集」ボタンをクリック

記事編集画面で記事の内容を編集します（図9.25❶）。「更新」ボタンをクリックします❷。

▲図9.25：記事編集画面で記事の内容を編集

「更新」ボタンをクリックすると、「記事が更新されました」というメッセージとともに一覧画面に移動します。その後、該当の記事の「続きを読む」をクリックすると図9.26❶の画面に遷移します。編集内容が反映されていることがわかります。「削除」ボタンをクリックして❷、投稿を削除します。

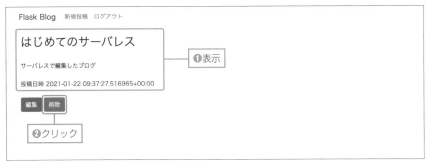

▲図9.26：記事詳細画面で「削除」ボタンをクリック

　記事一覧画面が表示され、記事が一覧から削除されたことがわかります（図9.27）。

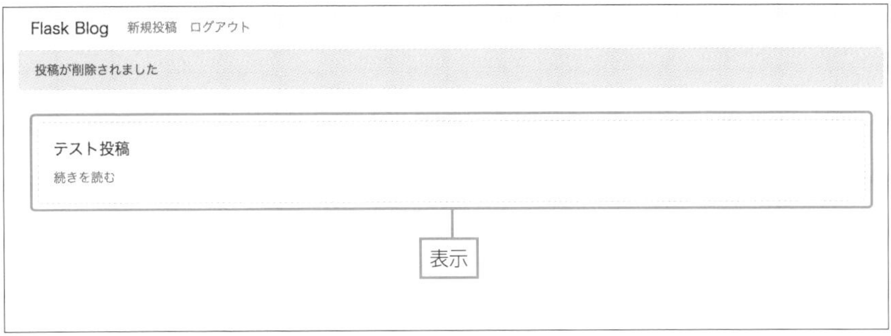

▲図9.27：記事一覧画面で確認

P07　まとめ

本章で学んだことをまとめます。

- セッションのデータベースへの保存（本章01節）
- AWS IAMの作成（本章02節）
- 環境変数とConfigを利用して開発環境と本番環境を切り替え（本章03節）
- サーバレスライブラリzappaの導入（本章04節）
- 本番用テーブルの作成（本章05節）
- サーバレスアプリケーションのデプロイ（本章06節）

- 現時点でのアプリケーション構成

  ここまでのアプリケーション構成は、図9.28のようになります。

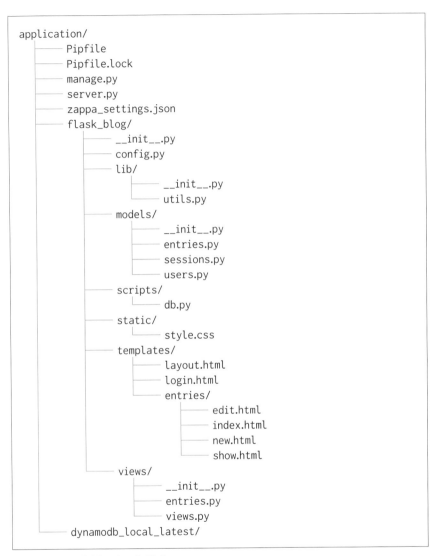

```
application/
    ├─── Pipfile
    ├─── Pipfile.lock
    ├─── manage.py
    ├─── server.py
    ├─── zappa_settings.json
    ├─── flask_blog/
    │       ├─── __init__.py
    │       ├─── config.py
    │       ├─── lib/
    │       │       ├─── __init__.py
    │       │       └─── utils.py
    │       ├─── models/
    │       │       ├─── __init__.py
    │       │       ├─── entries.py
    │       │       ├─── sessions.py
    │       │       └─── users.py
    │       ├─── scripts/
    │       │       └─── db.py
    │       ├─── static/
    │       │       └─── style.css
    │       ├─── templates/
    │       │       ├─── layout.html
    │       │       ├─── login.html
    │       │       └─── entries/
    │       │               ├─── edit.html
    │       │               ├─── index.html
    │       │               ├─── new.html
    │       │               └─── show.html
    │       └─── views/
    │               ├─── __init__.py
    │               ├─── entries.py
    │               └─── views.py
    └─── dynamodb_local_latest/
```

▲図9.28：アプリケーション構成

Googleスプレッドシートに日次でユーザ数を記録するサーバレスBotを作る

次に、サーバレスアプリケーションのジョブ・スケジューリング機能を利用して、Botを作成します。ここでは、ブログアプリケーションの作成された記事数を日次でGoogleスプレッドシートに自動で記録するBotを作ります。

P01 Google APIサービスアカウントキーを発行する

Google APIサービスアカウントキーの発行について解説します。

　最初に認証情報を発行するための説明をします。

　以下のGoogle Cloud Consoleにアクセスします。なおGoogle Cloud Consoleにはじめてアクセスする場合は、Googleのアカウントを作成してからログインしてください（手順は割愛します）。

・Google Cloud Console

URL https://console.developers.google.com/cloud-resource-manager?pli=1

　「プロジェクトを作成」をクリックします（図10.1）。

▲図10.1：「プロジェクトを作成」をクリック

　「新しいプロジェクト」画面で任意のプロジェクト名を入力して（図10.2❶）、「作成」をクリックします❷。

▲図10.2：「新しいプロジェクト」画面

　ナビゲーションメニューから「APIとサービス」をクリックして（図10.3
❶）、「認証情報」を選択します❷。

▲図10.3：左メニューから「APIとサービス」→「認証情報」を選択

「認証情報」画面で「認証情報を作成」をクリックして（図10.4 ❶）、「サービスアカウント」を選択します❷。

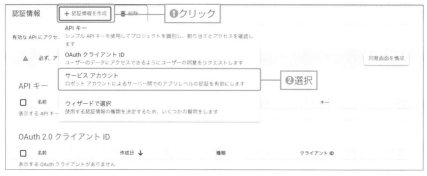

▲図10.4：「認証情報」画面で「認証情報を作成」→「サービスアカウント」を選択

「サービスアカウントの作成」画面で任意のアカウント名を入力して（図10.5 ❶）、「完了」をクリックします❷。

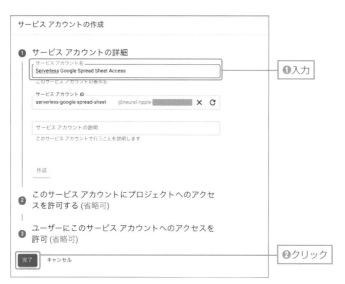

▲図10.5：「サービスアカウントの作成」画面でサービスアカウントを作成

作成後に表示される「認証情報」画面の「サービスアカウント」にあるメールアドレスをクリックします（図10.6）。

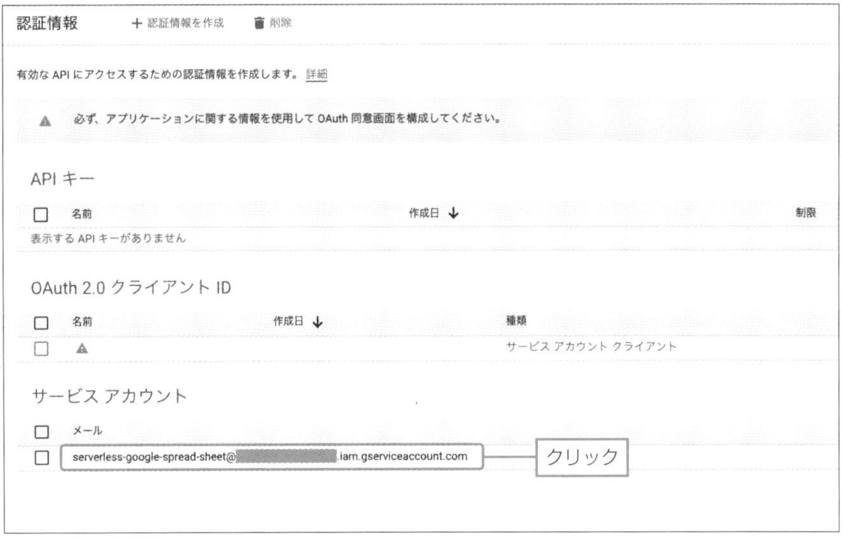

▲図10.6：「認証情報」画面でメールアドレスをクリック

サービスアカウント「Serverless Google Spread Sheet Access（選択した
サービスアカウント名）」の画面で「キー」タブをクリックします（図10.7❶）。
「鍵を追加」をクリックして❷、「新しい鍵を作成」を選択します❸。

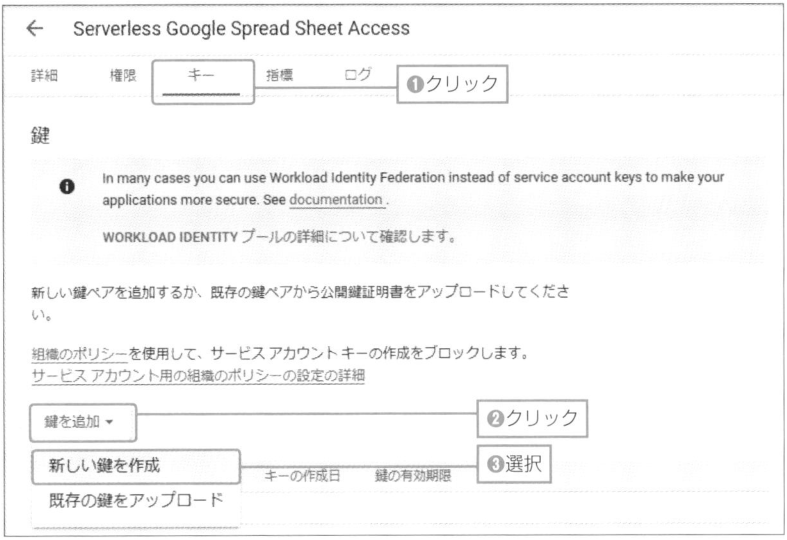

▲図10.7：「鍵を追加」→「新しい鍵を作成」を選択

「（選択したサービスアカウント名）の秘密鍵の作成」ダイアログで「JSON」
を選択して（図10.8❶）、「作成」をクリックします❷。作成後、クレデンシャ
ルファイルが自動でダウンロードされます❸。ファイル名が長いので、
「serverless-gas-client-secret.json」と名前を変更しておきます。

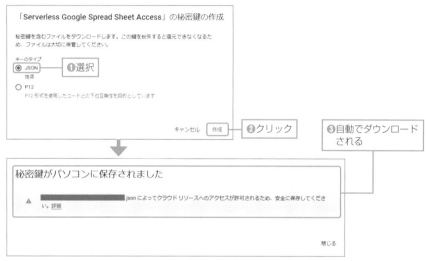

「Serverless Google Spread Sheet Access」の秘密鍵の作成

秘密鍵を含むファイルをダウンロードします。この鍵を紛失すると復元できなくなるた
め、ファイルは大切に保管してください。

キーのタイプ
◉ JSON   ❶選択
　推奨
○ P12
　P12形式を使用したコードとの下位互換性を目的としています

キャンセル　作成　　❷クリック　　　❸自動でダウンロード
　　　　　　　　　　　　　　　　　　　　　される

秘密鍵がパソコンに保存されました

⚠　　　　　　　　　　json によってクラウドリソースへのアクセスが許可されるため、安全に保存してくださ
　　　　　い。詳細

閉じる

▲図10.8：「（選択したサービスアカウント名）の秘密鍵の作成」ダイアログ

クレデンシャルファイル（認証情報ファイル）が作成されると自動でキーの
欄に表示されます（図10.9）。

←　Serverless Google Spread Sheet Access

詳細　　権限　　キー　　指標　　ログ

鍵

ⓘ　In many cases you can use Workload Identity Federation instead of service account keys to make your applications more
　　secure. See documentation .

　　WORKLOAD IDENTITY プールの詳細について確認します。

新しい鍵ペアを追加するか、既存の鍵ペアから公開鍵証明書をアップロードしてくださ
い。

組織のポリシーを使用して、サービスアカウントキーの作成をブロックします。
サービスアカウント用の組織のポリシーの設定の詳細

鍵を追加 ▾

種類　　ステータス　　キー　　　　　　　　　　　　　　キーの作成日　　鍵の有効期限
⊙　　✔有効　　　　　　　　　　　　　　　　　　　2021/05/20　　10000/01/01　🗑

▲図10.9：作成されたクレデンシャルファイル（認証情報ファイル）の一覧

02 Google Sheets APIを有効化する

Google Sheets APIを有効化する方法について解説します。

次に、Google Sheets APIを有効化します。

Google Cloud Consoleのナビゲーションメニューから「APIとサービス」→「ライブラリ」を選ぶと「APIとサービスを検索」と書かれている検索フォームがあります（図10.10）。

> Q　API とサービスを検索

▲図10.10：検索フォーム

この検索フォームに「google sheet」と途中まで入力すると（図10.11❶）、候補に「Google Sheets API」が表示されるので選択します❷。

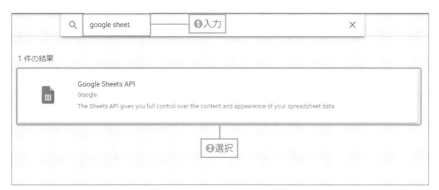

▲図10.11：検索フォームから「google sheet」と入力して検索

「Google Sheets API」画面で「有効にする」をクリックして（図10.12）、Google Sheets APIを有効化します。

▲図10.12：「有効にする」をクリック

03 Googleスプレッドシートを作成する

Googleスプレッドシートの作成方法について解説します。

　書き込み用のスプレッドシートを作成します。

　Google Driveにアクセスし、「新規」→「Googleスプレッドシート」を選択して、新規でスプレッドシートを作成します（ここでは「Serverless Blog KPI」としています）。

　「日時」と「記事数」をBot経由で書き込むので、A1とB1のセルにカラム名を入力しておきます（図10.13）。

▲図10.13：Googleスプレッドシートにカラム名を入力

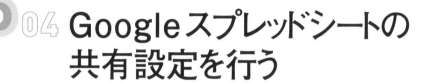

P04 Googleスプレッドシートの共有設定を行う

Googleスプレッドシートの共有設定の方法について解説します。

　前節で作成したクレデンシャルのユーザがこのスプレッドシートにアクセスできるよう、共有設定をします。

　「serverless-gas-client-secret.json」をテキストエディタで開き、「client_email」にあるEメールアドレスをメモします。

　スプレッドシートのメニューから「ファイル」→「共有」を選択し、先ほどメモしたメールアドレスに対して共有を許可します。「編集者」となっていることを確認し（図10.14❶）、「送信」ボタンをクリックすれば❷、共有は完了です。

▲図10.14：「ユーザーやグループと共有」で共有を許可

　これで準備は完了です。

Googleスプレッドシート Bot プログラムを作成する

Googleスプレッドシート Bot プログラムの作成方法について解説します。

それでは、発行した認証情報を利用して、Botプログラムを作成します。

これまで作成した「application」フォルダとは別に、新しく「serverless-bot」というフォルダを作成します。

これまでブログアプリケーションで仮想環境に入っている場合は、exitして必ず仮想環境から出ていることを確認しておいてください。

先ほど取得した serverless-gas-client-secret.json ファイルを、「serverless-bot」フォルダ以下に格納します。

次に、「serverless-bot」フォルダに移動し、PipEnvで新しく仮想環境を作成します。

`ターミナル` `コマンドプロンプト`

```
pipenv --python 3.8.7
```

必要なパッケージをインストールします。

`ターミナル` `コマンドプロンプト`

```
pipenv install boto3 pytz gspread oauth2client zappa
```

仮想環境に入ります。

`ターミナル` `コマンドプロンプト`

```
pipenv shell
```

次に、リスト10.1の内容でbot.pyというファイルを作成します。

▼リスト10.1：serverless-bot/bot.py

```python
import datetime
import gspread
import boto3
import pytz
from oauth2client.service_account import ServiceAccountCredentials
import os


def get_kpi():
    client = boto3.client(
        'dynamodb',
        aws_access_key_id=os.environ.get('SERVERLESS_AWS_ACCESS_KEY_
ID'),
        aws_secret_access_key=os.environ.get('SERVERLESS_AWS_SECRET_
KEY'),
        region_name='ap-northeast-1'
    )

    entry_num = client.scan(TableName='serverless_blog_entries',
Select='COUNT')['Count']
    return entry_num


def update_gas(today, entry_num, doc_id):
    keyfile_path = 'serverless-gas-client-secret.json'
    scope = ['https://spreadsheets.google.com/feeds']
    credentials = ServiceAccountCredentials.from_json_keyfile_name(
        keyfile_path, scope)

    client = gspread.authorize(credentials)

    gfile = client.open_by_key(doc_id)
    worksheet = gfile.sheet1

    list_of_lists = worksheet.get_all_values()
    new_row_number = len(list_of_lists) + 1

    worksheet.update_cell(new_row_number, 1, today)
    worksheet.update_cell(new_row_number, 2, entry_num)
```

```
def run_bot():
    doc_id = 'XXXXXXXXXXXXXXXXXXXXXXXXXXXXXXXXXXXXXXXXXXXX'
    today = str(datetime.datetime.now(pytz.timezone('Asia/Tokyo')).date())
    entry_num = get_kpi()
    update_gas(today, entry_num, doc_id)


if __name__ == "__main__":
    run_bot()
```

それではリスト10.1の内容について順に解説します。

1. main

このファイルを実行したときに、run_bot()メソッドが実行されるようにします。

```
if __name__ == "__main__":
    run_bot()
```

2. run_bot()メソッド

run_bot()メソッドは以下のようになります。

```
def run_bot():
    doc_id = 'XXXXXXXXXXXXXXXXXXXXXXXXXXXXXXXXXXXXXXXXXXXX'
    today = str(datetime.datetime.now(pytz.timezone('Asia/Tokyo')).
date())
    entry_num = get_kpi()
    update_gas(today, entry_num, doc_id)
```

　doc_idはスプレッドシートのURLに表示される https://docs.google.com/ spreadsheets/d/xxxxのxxxxの部分になります。自身のスプレッドシートのID に置き換えて記載してください。

　次に、datetime.datetime.now().date()とすることで、今日の日付を取得する ことができます。

　now()の引数にpytzライブラリを利用して日本のタイムゾーンを指定するこ とで、日本時間による本日の日付を取得することができます。

```
today = str(datetime.datetime.now(pytz.timezone('Asia/Tokyo')).date())
```

　次に、ブログアプリケーション用のDyanmoDBにアクセスし、記事数を取得 するget_kpi()メソッドを呼び出します。

```
entry_num = get_kpi()
```

　最後に、本日の日付と取得した記事数を元にスプレッドシートを更新する update_gas()メソッドを呼び出します。

```
update_gas(today, entry_num, doc_id)
```

3. get_kpi()メソッド

get_kpi()メソッドは以下のようになります。

```
def get_kpi():
    client = boto3.client(
        'dynamodb',
        aws_access_key_id=os.environ.get('SERVERLESS_AWS_ACCESS_KEY_
IÐ'),
        aws_secret_access_key=os.environ.get('SERVERLESS_AWS_SECRET_
KEY'),
```

```
        region_name='ap-northeast-1'
    )

    entry_num = client.scan(TableName='serverless_blog_entries', ⏎
Select='COUNT')['Count']
    return entry_num
```

　AWSをターミナル（コマンドプロンプト）上で扱うためのPythonライブラリであるboto3を使い、前に作成したクレデンシャル情報をセットしてDynamoDBを呼び出します。

　scanを使って、DynamoDBのテーブル情報を取得し、返します。下記のように指定することで、そのテーブルのレコード数を取得することができます。

　ここでは、serverless_blog_entriesテーブルの記事数を取得しています。

```
client.scan(TableName='serverless_blog_entries', ⏎
Select='COUNT')['Count']
```

4. update_gas()メソッド

　最後に、update_gas()メソッドは以下のようになります。

```
def update_gas(today, entry_num, doc_id):
    keyfile_path = 'serverless-gas-client-secret.json'
    scope = ['https://spreadsheets.google.com/feeds']
    credentials = ServiceAccountCredentials.from_json_keyfile_name(
        keyfile_path, scope)

    client = gspread.authorize(credentials)

    gfile = client.open_by_key(doc_id)
    worksheet = gfile.sheet1

    list_of_lists = worksheet.get_all_values()
    new_row_number = len(list_of_lists) + 1

    worksheet.update_cell(new_row_number, 1, today)
    worksheet.update_cell(new_row_number, 2, entry_num)
```

このメソッドの最初に、今回のクレデンシャルファイルとスプレッドシートにてどの操作を行ってよいかという scope 情報をセットしています。

```
keyfile_path = 'serverless-gas-client-secret.json'
scope = ['https://spreadsheets.google.com/feeds']
```

次に、クレデンシャルファイルを元にスプレッドシートを開き、シート名を選択しています。ここでは「sheet1」なのでそちらを選択しています。

```
credentials = ServiceAccountCredentials.from_json_keyfile_name(
    keyfile_path, scope)

client = gspread.authorize(credentials)

gfile = client.open_by_key(doc_id)
worksheet = gfile.sheet1
```

次にシート上の全てのデータを取得し、そこから行数を計算しています。ここでは新しい行に最新のデータを記載するため、行数+1の行にデータを記載します。

```
list_of_lists = worksheet.get_all_values()
new_row_number = len(list_of_lists) + 1
```

最後に、以下の構文で実際のデータを書き込みます。

▼［構文］

```
worksheet.update_cell([行番号], [列番号], [書き込む値])
```

ここでは新しい行の1列目に本日の日付、2列目に現在の記事数を書き込みます。

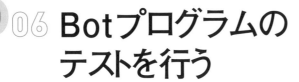

P 06 Botプログラムの テストを行う

Botプログラムのテスト方法を解説します。

　きちんとスプレッドシートにデータベースの内容が書き込まれるかテストしてみます。

　以下のコマンドで、Botを実行してみます。

ターミナル　コマンドプロンプト

```
python bot.py
```

　スプレッドシートを確認してみると、正しくデータが書き込まれていることが確認できました（図10.15）。

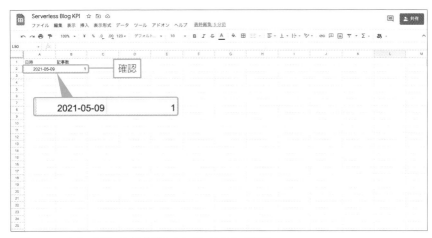

▲図10.15：正しくデータが書き込まれていることを確認

スケジューリング機能を設定する

スケジューリング機能の設定方法を解説します。

　それでは、サーバレスアプリケーションとして、スケジューリング機能を使いこちらの処理を日時で自動実行されるように設定していきます。

　zappa用のconfigを作成します。以下のコマンドを入力します。

`ターミナル` `コマンドプロンプト`

```
zappa init
```

　対話形式で、configファイルを作成します。

1. デプロイ環境の名前を付ける

　デプロイ環境の名前を付けます。そのままでよければ［Return］（［Enter］）キーを押します。

`ターミナル` `コマンドプロンプト`

```
What do you want to call this environment (default 'dev'):
```

2. AWSプロファイルを選択する

　どのAWSプロファイルを使用するか選択します。先ほど作成した、serverless-blogを入力します。

```
We found the following profiles: default, private, and serverless-⏎
blog. Which would you like us to use? (default 'default'):serverless-blog
```

3. S3バケットの名前を指定する

　アプリケーションをアップロードするのに使用する一時用のS3バケットを作成するため、その名前を指定します。ランダムに作成された名前で問題なければそのまま［Return］（［Enter］）キーを押します。

```
What do you want to call your bucket? (default 'zappa-xxxxxxxxx'):
```

ランダムな英数字が入る

4. アプリケーションの起動ファイルをxxxx.appの形式で選択する

　アプリケーションの起動ファイルを選択するをxxxx.appの形式で選択します。bot.pyが起動ファイルなのでbot.appと入力します。

```
Where is your app's function?:bot.app
```

5. グローバルに最適化するかどうかを決める

　API Gatewayのアクセスについて、グローバルに最適化すると、リージョンごとのアクセスが最適化されます。そこまでのパフォーマンスが必要なければそのまま［Return］（［Enter］）キーを押します。

```
Would you like to deploy this application globally? (default 'n') ⏎
[y/n/(p)rimary]:
```

6. configファイルのプレビュー表示を確認する

最後に、作成されるconfigファイルがプレビュー表示されます。問題なければばそのまま［Return］（［Enter］）キーを押します。

```
{
    "dev": {
        "app_function": "bot.app",
        "aws_region": "ap-northeast-1",
        "profile_name": "serverless-blog",
        "project_name": "serverless-bot",
        "runtime": "python3.8",
        "s3_bucket": "zappa-xxxxxxxxx"
    }                         └─ ランダムな英数字が入る
}

Does this look okay? (default 'y') [y/n]:
```

これで、zappa_settings.jsonが作成されます。

作成されたzappa_settings.jsonに、リスト10.2のようにenvironment_variablesとeventsを追加します。

▼リスト10.2：zappa_settings.json

```
{
    "dev": {
        "app_function": "bot.app",
        "aws_region": "ap-northeast-1",
        "profile_name": "serverless-blog",
        "project_name": "serverless-bot",
        "runtime": "python3.8",
        "s3_bucket": "zappa-xxxxxxxxx",  ──── zappa initにより作成されたs3バケット名
        "environment_variables": {
            "SERVERLESS_AWS_ACCESS_KEY_ID": "xxx",
            "SERVERLESS_AWS_SECRET_KEY": "xxx"  ──── DynamoDB用に作成したアクセスキーID
        },                                      └─ DynamoDB用に作成したシークレットキー
        "events": [
            {
                "function": "bot.run_bot",
                "expression": "cron(59 14 * * ? *)"
            }
```

```
      ]
    }
  }
```

environment_variablesは前章でDyanmoDB用に作成したクレデンシャル情報です。環境変数で設定した、SERVERLESS_AWS_ACCESS_KEY_IÐ と SERVERLESS_AWS_SECRET_KEYと同じ値を設定します。

```
"environment_variables": {
  "SERVERLESS_AWS_ACCESS_KEY_IÐ": "xxx",
  "SERVERLESS_AWS_SECRET_KEY": "xxx"  ── DynamoÐB用に作成したアクセスキーIÐ
},                                    ── DynamoÐB用に作成したシークレットキー
```

eventsが、スケジューリング機能の設定になります。リスト10.3のフォーマットで記載します。

▼リスト10.3：zappa_settings.json

```
"events": [
  {
    "function": "実行したいメソッド名",
    "expression": "cronの記述形式で実行するタイミングを指定"
  }
]
```

functionは実行したいメソッドを記載します。今回はbot.py中のrun_bot()メソッドを実行するため、bot.run_botと記載しています。

expressionは、メソッドを実行したいタイミングをcron式で記載します。

cronとはスケジュールを設定して、指定した時間になったら自動でタスクを実行できる機能です。AWSでは、以下のcron式のフォーマットでスケジュールを設定します。

cron(分, 時, 日, 月, 曜日, 年)

どの時間にも実行したい場合は＊を設定します。

また、日と曜日は両方設定すると矛盾してしまうことがあります。例えば、日に＊を設定し、曜日に火曜日を設定した場合、毎日実行するのか、火曜日だけ実行するのかわからなくなってしまいます。そのため、片方には「いずれか」を示す？を設定する必要があります。

詳細は以下のサイトを参照してください。

- Rate または Cron を使用したスケジュール式
  `URL` https://docs.aws.amazon.com/ja_jp/lambda/latest/dg/services-cloudwatchevents-expressions.html

今回の場合は、日本時間の23時59分にタスクを実行したいため、以下のようになります。

```
cron(59 14 * * ? *)
```

この内容でサーバレス環境にデプロイします[1]。

`ターミナル` `コマンドプロンプト`

```
zappa deploy dev
```

今回はWebアプリケーションではないことから Deployment complete! とは表示されないため、以下のコマンドでステータスを確認します。

---

[1] ここではWebアプリケーションをデプロイしないため、Error: Warning! Status check on the deployed lambda failed. A GET request to '/' yielded a 500 response code. と表示されますが問題ありません。

```
zappa status dev
…
    Event Rule Name:     serverless-bot-dev-bot.run_bot
    Event Rule Schedule: cron(59 14 * * ? *)
    Event Rule State:    Enabled
…
```

Event Rule Nameに〜bot.run_botと記載されており、その下のEvent Rule Scheduleに設定したcron式の時間が表示され、Event Rule StateがEnabledになっていれば、デプロイは成功しています。

サーバレス環境で
動作確認をする

サーバレス環境で動作を確認してみましょう。

　サーバレス環境でプログラムが動作するかすぐに確認したい場合は、invoke コマンドを使います。

　以下のように、確認したいプログラムをfunctionと同じ形式で指定することで、すぐにサーバレスにデプロイされたプログラムを実行することができます。

`ターミナル` `コマンドプロンプト`

```
zappa invoke dev "bot.run_bot"
```

　スプレッドシートを確認してみます。データが書き込まれたので、正しくプログラムが動作していることが確認できました（図10.16）。

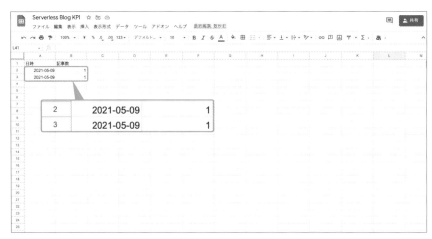

▲図10.16：スプレッドシートの確認

サーバレス環境でプログラムが正しく動作することが確認できましたので、最後にスケジューリングが設定されているか確認してみます。

日をまたいで、次の日にデータが書き込まれているかスプレッドシートを見てみます（図10.17）。

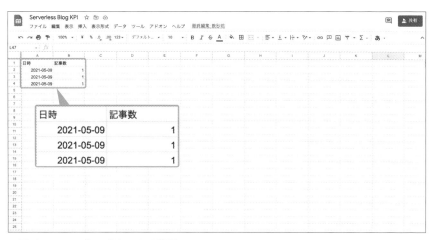

▲図10.17：スプレッドシートの確認

きちんと、日付とその時点での記事数の合計が書き込まれました。

以後、日次で定期的にデータが書き込まれるようになっていることが確認できます（図10.18）。

▲図10.18：スプレッドシートの確認

P09 まとめ

本章で学んだことをまとめます。

- Google API サービスアカウントキーの発行（本章01節）
- Google Sheets API の有効化（本章02節）
- Google スプレッドシートの作成（本章03節）
- Google スプレッドシートの共有設定（本章04節）
- Google スプレッドシート Bot プログラムの作成（本章05節）
- Bot プログラムのテスト（本章06節）
- スケジューリング機能の設定（本章07節）
- 現時点でのアプリケーション構成

ここまでのアプリケーション構成は、図10.19のようになります。

```
application/
    ┌── …
    └── dynamodb_local_latest/
serverless-bot/
    ├── bot.py
    ├── Pipfile
    ├── Pipfile.lock
    ├── serverless-gas-client-secret.json
    └── zappa_settings.json
```

▲図10.19：アプリケーション構成

KPI情報を毎日自動で投稿するサーバレスSlack Botを作る

作成したコードに少し追加して、日次でKPI情報をSlackに通知するBotを作成してみます。

P 01 SlackにBotsアプリを追加する

SlackにBotsアプリを追加する方法を解説します。なおここではすでにSlackを管理者権限で利用していることを前提にしています。

Slackの左メニューで「App」をクリックして（図11.1❶）、検索ボックスで「Bots」と入力して検索します※1❷。Botsの概要部分をクリックして内容を確認したら❸、「Slackに追加」をクリックして追加します❹。

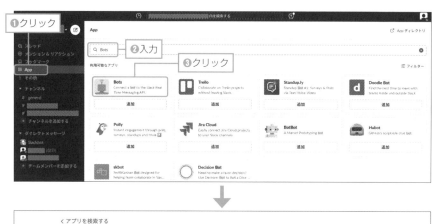

▲図11.1：「Slackに追加」をクリック

※1　「App」→「ツールを連携」でも検索することができます。

Botの名前を付けて（図11.2❶）、「ボットインテグレーションを追加する」を
クリックします❷。ここでは「serverless_kpi_bot」という名前にしています。

▲図11.2：Botの名前を付けて「ボットインテグレーションを追加する」をクリック

APIトークンが発行されますので、こちらをメモしておきます（図11.3❶）。
また、ここでは追加の設定をすることができます。ここではBotのアイコンを
アップロードして❷、「インテグレーションの保存」をクリックします（図11.4）。

▲図11.3：追加設定画面

▲図11.4：保存画面

最後に、Botの通知をしたいチャンネルに先ほど作成したBotを招待します。「チャンネル詳細を開く」から（図11.5❶）。「その他」❷→「アプリを追加する」を選択し❸、Botを招待します。

▲図11.5：「Add apps」を選択

P02 ローカル環境変数を アップデートする

ローカル環境変数をアップデートする方法を解説します。

　~/.bashrcにリスト11.1を追加します。APIトークンは、前節でメモした内容を設定します。

▼リスト11.1：~/.bashrc

```
(…略…)
export SERVERLESS_SLACK_BOT_API_TOKEN=xoxb-XXXXXXXXXXXX-XXXXXXXXX↵
XXXX-XXXXXXXXXXXXXXXXXXXXXXXX
(…略…)                                      メモしたAPIトークンを設定
```

　環境変数を反映するため、以下のコマンドを実行します。

ターミナル　コマンドプロンプト

```
. ~/.bashrc
```

Python Slackライブラリをインストールする

Python Slackライブラリのインストール方法を解説します。

Slack通知用のライブラリをインストールします。

ターミナル　コマンドプロンプト

```
pipenv install slack_sdk
```

P 04 Botプログラムを アップデートする

Botプログラムのアップデート方法を解説します。

bot.pyをリスト11.2のように修正します。

▼リスト11.2：serverless-bot/bot.py

```python
import datetime
import gspread
import boto3
import pytz
from oauth2client.service_account import ServiceAccountCredentials
from slack_sdk import WebClient
import ssl
import os


def notify_to_slack(message, channel='CXXXXXXXXXX'):
    ssl_context = ssl.create_default_context()
    ssl_context.check_hostname = False
    ssl_context.verify_mode = ssl.CERT_NONE

    slack_token = os.environ.get('SERVERLESS_SLACK_BOT_API_TOKEN')
    client = WebClient(slack_token, ssl=ssl_context)
    client.chat_postMessage(
        channel=channel,
        as_user=True,
        text=message
    )
```

チャンネルID

```python
def get_kpi():
    client = boto3.client(
        'dynamodb',
        aws_access_key_id=os.environ.get('SERVERLESS_AWS_ACCESS_KEY_
ID'),
        aws_secret_access_key=os.environ.get('SERVERLESS_AWS_SECRET_
KEY'),
        region_name='ap-northeast-1'
    )

    entry_num = client.scan(TableName='serverless_blog_entries',
Select='COUNT')['Count']
    return entry_num


def update_gas(today, entry_num, doc_id):
    keyfile_path = 'serverless-gas-client-secret.json'
    scope = ['https://spreadsheets.google.com/feeds']
    credentials = ServiceAccountCredentials.from_json_keyfile_name(
        keyfile_path, scope)

    client = gspread.authorize(credentials)

    gfile = client.open_by_key(doc_id)
    worksheet = gfile.sheet1

    list_of_lists = worksheet.get_all_values()
    new_row_number = len(list_of_lists) + 1

    worksheet.update_cell(new_row_number, 1, today)
    worksheet.update_cell(new_row_number, 2, entry_num)


def run_bot():
    doc_id = 'XXXXXXXXXXXXXXXXXXXXXXXXXXXXXXXXXXXXXXXXXXXXX'
    today = str(datetime.datetime.now(pytz.timezone('Asia/Tokyo')).date
())
    entry_num = get_kpi()
    update_gas(today, entry_num, doc_id)

    message = f'{today}\n記事数:{entry_num}\nhttps://docs.google.com/
spreadsheets/d/{doc_id}'
    notify_to_slack(message)
```

```
if __name__ == "__main__":
    run_bot()
```

リスト11.2について説明します。

先ほどインストールした、Slack ライブラリをインポートします。

```
from slack_sdk import WebClient
import ssl
```

run_bot()に、投稿したいメッセージとして記事数とスプレッドシートの URL を記載しています。

```
message = f'{today}\n記事数:{entry_num}\nhttps://docs.google.com/⏎
spreadsheets/d/{doc_id}'
```

このメッセージを、新しく作成したnotify_to_slack()メソッドに渡してい ます。

notify_to_slack()メソッドは以下のようになります。

最初の3行で、Slack ライブラリを使うためのSSL 設定を行っています。

```
def notify_to_slack(message, channel='CXXXXXXXXXX'):
    ssl_context = ssl.create_default_context()       ┗━チャンネル ID
    ssl_context.check_hostname = False
    ssl_context.verify_mode = ssl.CERT_NONE

    slack_token = os.environ.get('SERVERLESS_SLACK_BOT_API_TOKEN')
    client = WebClient(slack_token, ssl=ssl_context)
    client.chat_postMessage(
        channel=channel,
        as_user=True,
        text=message
    )
```

　次に、先ほど発行したAPIトークンを引数にWebClient(slack_token, ssl=ssl_context)としてSlackClientのインスタンスを作成します。

　最後に、メッセージは、以下のフォーマットで投稿できます。

```
client.chat_postMessage(
    channel=投稿したいSlackチャンネルID,
    as_user=True,
    text=投稿したいメッセージ
)
```

　channelには、通知をしたいチャンネルIDを指定します。チャンネルIDは、チャンネルのURLから確認することができます。例として、チャンネルのURLが以下であったとき、CではじまるCXXXXXXXXXXがチャンネルIDになります。

URL https://app.slack.com/client/XXXXXXXXX/CXXXXXXXXXX

チャンネルID

zappa configを
アップデートする

zappa configのアップデート方法を解説します。

作成したSlack BotのAPIトークンの値をzappa configに追加します。
environment_variablesにSERVERLESS_SLACK_BOT_API_TOKENとして追加しま
す（リスト11.3）。

▼リスト11.3：serverless-bot/zappa_settings.json

```
{
    "dev": {
        "app_function": "bot.app",
        "aws_region": "ap-northeast-1",
        "profile_name": "serverless-blog",
        "project_name": "serverless-bot",
        "runtime": "python3.8",
        "s3_bucket": "zappa-xxxxxxxxxx",
        "environment_variables": {          zappa initにより作成されたs3バケット名
            "SERVERLESS_AWS_ACCESS_KEY_ID": "xxx",
            "SERVERLESS_AWS_SECRET_KEY": "xxx",
            "SERVERLESS_SLACK_BOT_API_TOKEN": "xxx"
        },
        "events": [
            {
                "function": "bot.run_bot",
                "expression": "cron(59 14 * * ? *)"
            }
        ]
    }
}
```

P 06 Botプログラムをテストする

Botプログラムのテスト方法を解説します。

ローカル環境でSlackチャンネルに投稿されるか試してみます。
以下のコマンドを実行します。

`ターミナル` `コマンドプロンプト`

```
python bot.py
```

Slackチャンネルに投稿されたことがわかります（図11.6）。

▲図11.6：Slackチャンネルに投稿されていることを確認

▶07 サーバレス環境にデプロイする

サーバレス環境にデプロイする方法を解説します。

　最後に、アプリケーションが更新されたため、サーバレス環境に再度デプロイします。

　アプリケーションを更新するには、以下のコマンドを実行します。

`ターミナル` `コマンドプロンプト`

```
zappa update dev

...
Scheduled serverless-bot-dev-bot.run_bot with expression cron(59 14 ⏎
* * ? *)!
```

　Scheduled serverless-bot-dev-bot.run_bot with expression cron(59 14 * * ?
*)!と表示されていればアップデート完了です。

　日をまたいで確認すると、日次でSlackチャンネルにも投稿されるようになりました（図11.7）。

▲図11.7：日次でSlackチャンネルに投稿される

P08 まとめ

本章で学んだことをまとめます。

- Slack に Bots アプリを追加（本章 01 節）
- ローカル環境変数のアップデート（本章 02 節）
- Python Slack ライブラリのインストール（本章 03 節）
- Bot プログラムのアップデート（本章 04 節）
- zappa config のアップデート（本章 05 節）
- Bot プログラムのテスト（本章 06 節）
- サーバレス環境へデプロイ（本章 07 節）
- 現時点でのアプリケーション構成
  ここまでのアプリケーション構成は、図11.8のようになります。

```
application/
        └─── …
             dynamodb_local_latest/
serverless-bot/
        ├─── bot.py
        ├─── Pipfile
        ├─── Pipfile.lock
        ├─── serverless-gas-client-secret.json
        └─── zappa_settings.json
```

▲図11.8：アプリケーション構成

zappaの様々な機能

zappaにはdeployコマンド以外にも便利な機能があります
ので、主な機能を紹介します。

デプロイしたアプリケーションのステータスを確認する

ステータスを確認するコマンドを紹介します。

　statusコマンドを使用することで、AWS Lambdaに関する設定など、デプロイされているサーバレスアプリケーションの設定を確認することができます。

`ターミナル` `コマンドプロンプト`

```
zappa status dev
```

　アプリケーションがデプロイされている場合、以下のような出力を得ることができます。

```
Status for application-dev:
     Lambda Versions:      2
     Lambda Name:          application-dev
     Lambda ARN:           arn:aws:lambda:ap-northeast-1:xxxxxxxxxxxx:
function:application-dev
     Lambda Role ARN:      arn:aws:iam::xxxxxxxxxxxx:role/
application-dev-ZappaLambdaExecutionRole
     Lambda Handler:       handler.lambda_handler
     Lambda Code Size:     6833536
     Lambda Version:       $LATEST
     Lambda Last Modified: 2021-04-10T08:16:03.889+0000
     Lambda Memory Size:   512
     Lambda Timeout:       30
     Lambda Runtime:       python3.8
     Lambda VPC ID:        None
     Invocations (24h):    0
```

```
     Errors (24h):        0
     Error Rate (24h):    Error calculating
     API Gateway URL:     https://lj027wxiu6.execute-api.⏎
ap-northeast-1.amazonaws.com/dev
     Domain URL:          None Supplied
     Num. Event Rules:    1
     Event Rule Name:     application-dev-zappa-keep-warm-handler.⏎
keep_warm_callback
     Event Rule Schedule: rate(4 minutes)
     Event Rule State:    Enabled
     Event Rule ARN:      arn:aws:events:ap-northeast-
1:xxxxxxxxxxxx:rule/application-dev-zappa-keep-warm-handler.⏎
keep_warm_callback
```

　実行されているPythonのバージョンやメモリサイズ、またAPI Gateway URL
でアプリケーションのURLも確認することができます。

　もしアプリケーションがデプロイされていない場合は、以下の出力が得られ
ます。

```
Error: No Lambda application-dev detected in ap-northeast-1 - have ⏎
you deployed yet?
```

　これによって、アプリケーションがデプロイされているかどうかも確認する
ことができます。

P 02 デプロイしたアプリケーションをアップデートする

デプロイしたアプリケーションをアップデートするコマンドを紹介します。

一度デプロイしたアプリケーションをアップデートするには、updateコマンドを使用します。

ターミナル コマンドプロンプト

```
zappa update dev
```

アプリケーションがデプロイされているかどうかは、先ほど紹介したstatusコマンドで確認します。

アプリケーションがすでにデプロイされていて、アップデートしたい場合はこちらのコマンドを使います。

アプリケーションがまだデプロイされていない場合は、deployコマンドを使います。

P03 スケジューリングを
アップデートする

スケジューリングをアップデートするコマンドを紹介します。

スケジューリングをアップデートするには、schedule コマンドを使用します。

`ターミナル` `コマンドプロンプト`

```
zappa schedule dev
```

P04 デプロイした特定の プログラムを実行する

デプロイした特定のプログラムを実行コマンドを紹介します。

　デプロイした特定のプログラムをすぐに実行したい場合は、invokeコマンドを使用します。

　例えばbot.pyにあるrun_bot()メソッドを実行したい場合には、以下のように実行します。

ターミナル　コマンドプロンプト

```
zappa invoke dev "bot.run_bot"
```

　これにより、サーバレスにデプロイしたプログラムを即時実行することができます。

05 デプロイ済の アプリケーションを削除する

> デプロイ済のアプリケーションを削除するコマンドを紹介します。

デプロイ済のアプリケーションを削除するには、undeployコマンドを使用します[1]。

`ターミナル` `コマンドプロンプト`

```
zappa undeploy dev
```

※1 APIGatewayとLambdaリソースは削除されますが、初回のZappaデプロイ時に作成されるS3バケットとIAMロールは残ったままになります。必要に応じて、削除してください。

P06 ログを確認する

ログを確認するコマンドを紹介します。

ログを確認するには、tailコマンドを使用します。

```
zappa tail dev
```

http関連のログのみ確認したい場合は、以下のオプションを追加します。

```
zappa tail dev --http
```

http POST通信のログのみ確認したい場合は、以下のオプションを追加します。

```
zappa tail dev --http --filter "POST"
```

http関連以外のログのみ確認したい場合は、以下のオプションを追加します。

```
zappa tail dev --non-http
```

直近4時間以内のログのみ確認したい場合は、以下のオプションを追加します。

```
zappa tail dev --since 4h
```

P 07 アプリケーションの ロールバックを行う

ロールバックを行うコマンドを紹介します。

　rollbackコマンドを使用することで、アプリケーションのロールバックが可能です。 この例では、3バージョン前の状態にロールバックすることが可能です。

```
zappa rollback dev -n 3
```

P 08 SSL証明書を導入する

SSL証明書を導入するコマンドを紹介します。

サーバレスアプリケーションに独自ドメインを付与することが可能です。
zappa_settings.jsonにリスト12.1の設定を追加します。

▼リスト12.1：zappa_settings.json

```json
{
    "dev": {
        "certificate_arn": "arn:aws:acm:us-east-1:your-certificate_arn",
        "domain": "www.your-domein-name.org",
    }
}
```

　上記の設定を追加したら、以下のようにcertifyコマンドを使用することで
独自ドメインでのサーバレスアプリケーションの公開が可能です。

`ターミナル` `コマンドプロンプト`

```
zappa certify
```

おわりに

　一通り、無事に、動くアプリケーションは構築できましたでしょうか。

　本書ではWebアプリケーションの作成からサーバレスアプリケーション、SlackBotやGoogleSpreadsheetの操作まで、様々な要素がありました。

　最初は作るのに時間がかかったとしても、一度学んでしまえば、次からは最初ほど時間がかからず作れるようになっているはずです。そして、ご自身で動くものを作れるという実績とスキルが、今後のアプリケーション開発において大きな武器になると信じております。

　もし本書を通してご不明な点などがありましたら、私までお寄せいただけたら幸いです。数ある書籍の中から、本書を手にとっていただいたご縁ですので、できる限りのサポートはさせていただきたいと思います。

　末筆ながら、本書を執筆するにあたって、書籍化のお声がけをかけていただきました翔泳社の宮腰隆之様、校正にご協力いただいた佐藤弘文様、検証にご協力いただいた深田修一郎様、小中隆史様、劉家宏様、中濱佑季様、皆様にこの場を借りてお礼申し上げます。最後に、この本を書くにあたって全面的なサポートをしてくれた家族に感謝します。

2021年5月吉日
本田崇智
EMAIL takatomo.honda.0103@gmail.com

INDEX

著者プロフィール

- **本田 崇智**（ほんだ・たかとも）

1983年北海道旭川市生まれ。

北海道大学大学院情報科学研究科調和系工学研究室卒業。

NTTデータ、freeeを経て、自ら起業した会社のCTOやValuenceTechnologies
取締役CTO等、スタートアップから上場企業まで複数の会社でCTOを務め
る。

現在は様々な企業のシステム開発および支援を行っている。

装丁・本文デザイン	森 裕昌
本文イラスト	オフィスシバチャン
カバーイラスト	iStock.com/TarikVision
DTP	株式会社シンクス
校正協力	佐藤 弘文
検証協力	深田 修一郎

動かして学ぶ！Python サーバレスアプリ開発入門
バイソン

2021年6月14日　　　初版第1刷発行

著　者	本田 崇智（ほんだ・たかとも）
発行人	佐々木 幹夫
発行所	株式会社翔泳社（https://www.shoeisha.co.jp）
印刷・製本	株式会社シナノ

ⓒ2021　Takatomo Honda